农房适用建筑材料的研究与开发

刘　军　主　编

赵金波　副主编

中国建筑工业出版社

图书在版编目（CIP）数据

农房适用建筑材料的研究与开发 / 刘军主编 . —北京：
中国建筑工业出版社，2012.8
ISBN 978-7-112-14556-0

Ⅰ．①农⋯ Ⅱ．①刘⋯ Ⅲ．①农村住宅－建筑材料－
研究 Ⅳ．①TU5

中国版本图书馆 CIP 数据核字（2012）第 183150 号

本书研究论述我国农房适用建筑材料的研究与开发问题，主要包括 7
个方面的内容，分别为木材加工性能提升关键技术，住宅墙体材料研究，
住宅保温屋面系统与材料，结构与性能增强型生土建筑材料，住宅室内外
装饰装修材料，厨卫材料及产品，生物质建材开发利用。

本书可供广大建筑工作者参考使用。

* * *

责任编辑：常 燕 付 娇

农房适用建筑材料的研究与开发

刘 军 主 编
赵金波 副主编

*

中国建筑工业出版社出版、发行（北京西郊百万庄）
各地新华书店、建筑书店经销
北京国民图文设计中心制版
北京京丰印刷厂印刷

*

开本：787×1092 毫米 1/16 印张：8¾ 字数：213 千字
2012 年 11 月第一版 2012 年 11 月第一次印刷
定价：**28. 00** 元
ISBN 978-7-112-14556-0
（22639）

本书编委会

主　　　编：刘　军

副　主　编：赵金波

编委会成员（按姓氏笔画排序）：

丁力行　王　晴　艾红梅　刘润清

李　瑶　李东旭　谷亚新　张文生

林岚岚　钱晓倩　徐长伟　曹明莉

戚　红　崔玉忠　赖俊英

前　　言

随着国民经济的快速发展，我国农村居住房屋的质量有了很大的改善，但在有些方面却几十年没有发生根本变化。关键在于建房所采用的建筑材料产品多以城市弃用甚至淘汰的中低档建材或是没有经过性能提升的传统建材，建筑材料的总体水平不能适应目前农房的经济条件和对住宅的质量要求，同时也不适应国家对住宅建设节能、环保、可持续发展的要求。

2005 年 10 月，中共中央十六届五中全会通过的《关于制定国民经济和社会发展"第十一个五年规划"的建议》提出了建设社会主义新农村的重大历史任务。2006 年初，中共中央、国务院又联合下发了《中共中央、国务院关于推进社会主义新农村建设的若干意见》。环保经济型村镇住宅建设是建设社会主义新农村的重要环节，实现现有农房的功能提升、空间节约利用、建筑节能与绿色建筑、改善生态居住环境质量成为农房建设的方向。农房适用建筑材料的研究与开发是实现上述设想的前提和基础。

我国共有 320.7 万个自然村、63.4 万个行政村；2.2 万个集镇、近 2 万个建制镇；总建设用地面积接近 17 万 km^2。我国村镇住宅建设量占全国住宅建设总量的一半以上，每年竣工的建筑面积都在 6 亿 m^2 以上，建筑材料用量巨大。与城市相比村镇住宅所采用的建筑材料大多是层次低、质量差、能耗高、不环保的低档产品。如何在农户现有经济条件下，实现提高住宅质量的关键环节就是提高配套建材的质量及功能，开发农房适用的建筑材料。

本书以沈阳建筑大学组织中国建筑材料科学研究总院、大连理工大学、中国建筑设计研究院、浙江大学的专家与学者进行的国家支撑计划重大课题"农房适用建筑材料研究与开发"的研究成果为基础，主要内容包括：木材加工性能提升关键技术；住宅墙体材料研究；住宅保温屋面系统与材料；结构与性能增强型生土建筑材料；住宅室内外装饰装修材料；厨卫材料及产品；生物质建材开发利用。通过对课题研究成果的提炼和总结，主要介绍在现有条件下，如何通过有效的途径在节能、环保、资源的再生利用、现有材料的功能提升等方面生产制备农房适用的建筑材料。为广大的建材科技工作者提供参考。

目　　录

第一章　木材加工性能提升关键技术

　　木材作为建筑材料有着悠久的历史，木结构建筑在农房中占有相当大的比例。但由于木材资源的限制，这一传统的建筑形式面临着资源短缺的限制，快生木材由于生长期短，木材性能较差，更多的用于薪材及制作一次性筷子。通过技术处理，解决快生木材防火、防虫、防霉问题，提高快生木材的综合性能使其应用于农房建设是解决木材短缺的途径之一。本章针对木材加工性能提升的技术，从木材的阻燃材料、防腐材料、尺寸稳定性材料以及木塑复合材料的分类、选用、最新研究成果、处理方法和验收几个方面进行介绍。

1.1　阻燃材料

1.1.1　阻燃材料的分类

　　木材阻燃剂是一类能赋予木材及木材制品难燃性质的化学物质。木材阻燃剂多种多样，分类方法也很多，按参加反应与否可分为：反应型和添加型；按化合物的类型又可分为：有机阻燃剂和无机阻燃剂；按所含元素可分为：磷系阻燃剂、卤素阻燃剂、硼系阻燃剂及金属氢氧化物等。

　　1. 无机阻燃剂

　　无机木材阻燃剂是最早使用的阻燃剂，主要有磷—氮系阻燃剂、硼系阻燃剂、卤系阻燃剂以及 $Al(OH)_3$、$Mg(OH)_2$ 等碱金属。

　　无机阻燃剂优点是来源广泛、价格低、阻燃性能好、无毒、燃烧时释放的烟和有毒气体少，被广泛应用于塑料及木质材料等的阻燃处理，占阻燃剂总需求量的60%以上。缺点是吸湿性强、抗流失性差，不能用于高湿或与水接触的环境中；产品表面易起霜、变色，油漆困难；对金属有腐蚀性，对木材材质、强度均有不利影响。

　　无机阻燃剂的发展大致经历了三个阶段。第一代无机阻燃剂指阻燃剂发展初期所采用的各种水溶性无机盐类或其混合物，如各种铵盐、硫酸盐、磷酸盐、卤化物及硫酸铝钾等盐类或复盐的混合物等。第二代无机阻燃剂是在认识了阻燃协同作用之后发展起来的以磷—氮复合、磷—卤复合、磷—氮—硼复合等高效阻燃体系为特征的阻燃剂，较低的添加量，便能使木材的性能有明显改善。第三代无机阻燃剂是在改进第二代阻燃剂的吸湿性、抗流失性过程中发展起来的。

　　由于各种阻燃剂阻燃机理不同，采用单一的阻燃剂很难达到理想效果，通常选用混合型的阻燃剂，即利用各种阻燃剂之间相互协同的作用，综合抑制，阻止燃烧。这样不仅可以降低成本，更主要的是使阻燃材料的物理力学性能损失减小到最低。

　　2. 有机阻燃剂

　　有机阻燃剂出现较晚但发展较快，其主要是含磷、氮和硼元素的多元复合体系。其机理是磷或卤素参与聚合或缩聚反应，结合到高聚物的主链或侧链中，如氯化石蜡、氯化橡胶等。优点是抗流失、对木材物理力学性能影响小。缺点是阻燃性能不稳定，成本高，燃烧时产生大量烟和有毒气体。理想的有机木材阻燃剂应无甲醛释放、低迁移、低吸湿或基本不吸湿、一剂多效、高效且价格合理。

有机阻燃剂发展大致经历了 3 个阶段。第一代有机木材阻燃剂，主要是以尿素、双氰胺或三聚氰胺代替氨制得的磷酸盐，与硼酸等含硼化合物复合得到的有机氮—磷或有机氮—磷—硼阻燃体系。其吸湿性较无机阻燃剂有明显降低，但仍然不够理想，尿素、双氰胺存在迁移性大、易析出等问题。第二代有机木材阻燃剂是以尿素、双氰胺和三聚氰胺等氨基化合物的羟甲基化为特征的有机氮—磷或氮—磷—硼复合阻燃体系。第二代有机木材阻燃剂的迁移和析出性虽然有所改善，但是该类阻燃剂在木材处理和使过程中会释放出有毒的甲醛而污染环境。此外，往往需要将处理材加热到较高温度以促使阻燃剂在木材中固定，因而易造成木材的酸降解，损害木材的物理力学性能。第三代有机木材阻燃剂是无甲醛释放、低迁移、低吸湿或基本不吸湿（与末处理材类似）的高效阻燃剂。这类阻燃剂往往追求一剂多效，即木材经过这类阻燃剂的一次处理便可获得阻燃、防腐、防虫以及尺寸稳定等特性，这样不仅减弱了多次处理给木材材性带来的不利影响，而且降低了处理成本。

3. 树脂型

树脂型木材阻燃剂是在配方中加入低聚合度合成树脂，浸渍木材后。在干燥的过程中树脂固化、对配方中的易流失阻燃成分（常为无机盐）产生包覆固着作用，从而改善阻燃剂的抗流失、迁移和吸湿性。近年来才开发的新型阻燃剂，用氮源（尿素、双氰胺、三聚氰胺等）和甲醛可制得氨基树脂型木材阻燃剂。其原理是在甲醛、尿素、双氰胺、三聚氰胺树脂制造过程中加入磷酸或磷—氮系化合物，通过树脂的固化形成抗流失的阻燃剂，如尿素—双氰胺—甲醛—磷酸（UDFP）树脂，三聚氰胺—双氰胺—甲醛—磷酸（MDFP）树脂以及 H_3PO_4·DFAC 胶粘剂、H_3BO_3·MFAC 胶粘剂等。

优点是抗流失、抗迁移和抗吸湿，价格处于无机和有机阻燃剂之间，对木材强度影响小，耐腐蚀。缺点是阻燃效果不是很理想，不如某些无机阻燃剂。

树脂型木材阻燃剂处于发展阶段，目前存在处理材颜色变深以及浸注较困难等问题。

4. 反应型

反应型木材阻燃剂是利用化学反应，将阻燃元素或含阻燃元素的基团通过形成稳定的化学键载到木材分子上，所得的阻燃木材不仅具有抗流失、耐久的优点，而且由于阻燃元素以单分子状态分布在木材上，所以单位物质量阻燃剂的阻燃效率高。

木材大分子上的羟基和苯环是适合于阻燃处理的常用官能团，通过酯化、酯交换、醚化、酰化和卤化等反应，可与阻燃元素或含阻燃元素并有反应性的基团化合进行反应实现阻燃，可见，用反应型阻燃剂处理木材可实现永久阻燃。

通过磷酸酯化（磷酰化）可将磷元素以化学键合方式载于木材上，反应可发生于液—固相，如采用磷酰化药剂，也可发生在气—固相，如采用较低分子质量的硼酸酯进行木材的气相处理。通过硼酸酯与木材羟基的酯交换反应，可将硼元素以形成硼酸酯的方式载于木材上。而将氮元素载于木材上的最简单的方法，就是通过氨基化合物与木材酸性磷酸酯反应生成盐。

用化学改性法进行木材阻燃处理为制造特殊用途的阻燃木材开辟了新途径。反应型木材阻燃剂目前处于研究阶段。

1.1.2 选用原则

阻燃木材不仅具有阻燃性能，还应该保留木材的原有优良性能。理想的木材阻燃剂应该具有如下特点：

1. 阻燃性能好，能阻止有焰燃烧和无焰燃烧；控制发烟量；燃烧散发烟雾的毒性和腐蚀性也应当小。

2. 无毒，无污染，燃烧产物少烟、低毒、无刺激性。

3. 吸湿性低；对热和光稳定性强，不易挥发或浸出；不易水解，抗流失性耐候性强，阻燃性能持久。

4. 阻燃处理后对其他性能影响小。强度下降较小；有良好的装饰性能；不腐蚀金属；不使材质劣化；不加剧腐朽和虫害；不影响后加工性能。

5. 要求阻燃处理后木材还具有三性：尺寸稳定性、防腐性、防朽和防虫。一剂多效是木材阻燃处理的发展方向。

6. 木材的视觉、触觉和调节空气湿度等环境学特性基本不受影响。

7. 处理简便、经济价廉、来源广泛。

1.1.3 材料的应用现状和存在的问题

1. 阻燃剂的应用现状

（1）鉴于目前科学技术的发展状况，在较长时期内，磷—氮—硼系水基阻燃体系仍将是木材阻燃剂的主流，如 FR-1，FR-2，FRW 等。今后的工作主要是进一步提高其抗流失性、耐迁移性和降低成本。

（2）具有阻燃、防腐、抗流失和尺寸稳定等多方面多效力的"一剂多效"、绿色环保型木材保护药剂，将成为木材阻燃的主要发展方向。阻燃工艺的开发从最初侧重于阻燃剂本身，转向全面考虑阻燃性、材性（颜色、加工性、涂饰性、胶合性、力学性能及对金属锈蚀性等）、环境特性（发烟性、无毒、无害、环境友好）、附加性能（如防腐、防虫、尺寸稳定性等）和实用性等综合效果的方向发展。

（3）膨胀型木材阻燃剂的研制。膨胀型阻燃剂遇火时，酸源放出无机酸，与碳源中的多元醇酯化，进而脱水炭化，黏稠的炭化产物在气源释放的惰性气体、反应产生的水蒸气及聚合物降解产生的小分子化合物等挥发物的作用下膨胀，形成微孔结构的炭层。这种多孔的炭层具有隔热、隔氧、抑烟、防熔滴、使火焰自熄的作用。膨胀型阻燃剂克服了含卤阻燃剂在燃烧中烟雾大、多熔滴的缺点，以及无机物阻燃剂由于添加量大对高分子材料的力学性能、加工性能所带来的不良影响。

（4）木材阻燃的纳米技术。由于纳米粒子的颗粒尺寸很小，比表面积很大，因而具有表面效应、体积效应、量子尺寸效应及宏观量子隧道效应等特征，为设计和制备高性能、多功能新材料提供了新的思路和途径。由超细化阻燃剂通过特殊技术制成纳米阻燃材料，可大大地提高阻燃效率及相关性能，是阻燃材料的发展方向。

（5）木材—塑料复合材料近年来获得高速发展，并且应用于室内装饰领域。由于木材—塑料复合材料火灾的危害往往超过木材，因此其阻燃研究将成为木材阻燃研究的新课题。

2. 木材阻燃存在的问题

（1）抗流失性问题

这是阻燃处理中最重要的问题，它直接影响到阻燃作用的持久性。大多数无机盐类阻燃剂容易流失，尽管它们的阻燃效果较好，但使用过程中经风吹雨淋、摩擦等作用会逐渐流失掉，使材料失去阻燃性。主要原因是药剂与木材之间无化学键，多数为物理填充，附着性差，因此只适用于室内装饰材料的阻燃。另外阻燃剂的水溶性也是流失的原因，再有大多数的处理方法是浸渍或喷淋（涂刷）等，方法虽然简单易行，但渗透进去的药剂有可能被溶剂重新溶出，因此，如何使药剂长久地留在木材内以保持阻燃效果，是木材阻燃的一个重要课题。

（2）阻燃处理前木材的渗透性问题

木材阻燃的效果除阻燃剂本身外，在很大程度上取决于阻燃剂的注入量和注入深度，特别是实木的阻燃，若注入深度不足，在后续的刨削加工中将使浸注阻燃剂的那一部分被刨削掉，不仅材料无阻燃性能，而且造成阻燃剂极大的浪费。因此，阻燃材料的质量常受木材渗透性的影响。目前，改善木材渗透性能的处理方法有以下几种：① 化学、微生物方式，以化学或微生物方式融解侵蚀阻碍渗透性成分；② 机械式破损木材组织方式，如对木材进行压缩处理及对木材进行机械刻痕或激光切割木材；③ 直接热处理（热烟熏）和水热蒸煮处理方式及生物方法改善木材渗透性。然而中国木材树种之多，还有很多难处理材的渗透性改善有待于研究。

（3）阻燃处理后木材的干燥工艺问题

尽管木材及其阻燃剂的热分解温度远远高于干燥温度，但不同的干燥温度对材性及阻燃效果的影响也很大。

（4）阻燃体系的耐热稳定性及耐老化性问题

树脂型阻燃剂性能良好，但它的耐热稳定性及耐老化性是阻燃耐久性的关键。目前木材工业采用的胶粘剂，如脲醛树脂其耐热稳定性和耐老化性特别差，因此，若用它作阻燃剂载体应改进其耐热稳定性和耐老化性，只有这样，才能对阻燃有一定辅助作用，否则它将严重影响阻燃效果。

（5）成本问题

成本问题是影响阻燃技术产业化最主要的障碍。目前，国内有关阻燃技术的研究理论和成果很多，但在生产上实际应用还不多，主要原因就是成本问题，总结以往的研究成果可从以下两个方面来解决：① 降低阻燃剂用量。在保证足够阻燃效果的前提下，从工艺上尽可能降低用量；② 选用价格便宜、来源广泛、合成简单的阻燃剂。我国磷矿资源丰富，且磷类阻燃剂效果好，特别是磷—氮的协同阻燃效应，无毒、无公害，为木材行业降低阻燃剂的成本提供了有利条件。

1.1.4 最新研究成果

1. 阻燃处理工艺

近年来，随着等离子体、紫外线、射线等的发展，辐射法对木材、木质材料的阻燃处理也渐渐成为热点，发展出超声波法、高压喷射法、辐射法等新工艺。

2. 阻燃剂

高效的阻燃效果必须借助几种能协同作用的药剂甚至元素间的配合。阻燃剂主要是元素周期表中第三、五、七主族中的元素，或是它们的单质，或是化合物。UDFP 与 $Al (OH)_3$ 能产生协同作用延缓木材内温度的上升，有效抑制木材的热解，并且释放出不燃性气体，从而有效延缓木材的燃烧。生瑜等探讨了阻燃封堵材料的阻燃膨胀性能与炭化剂种类、用量以及材料制作方法的关系。近年来，我国研究者还在无机金属化合物阻燃剂、磷系阻燃剂、钼酸盐类阻燃剂、硅系阻燃剂及氮系阻燃剂等几类新型的无卤阻燃剂领域获得了较大的进展，为我国新型木质材料阻燃剂的产品开发奠定了良好的基础。因此，研究如何合理地选择阻燃剂和阻燃体系，并降低材料燃烧时的烟量及有毒气体量，是阻燃研究领域中的重点课题之一。由于含卤的聚合物在燃烧时会产生大量的烟雾和有毒、腐蚀性的卤化氢气体，因而，我国研究者对新型的无卤阻燃剂，如无机金属化合物阻燃剂、磷系阻燃剂、钼酸盐类阻燃剂、硅系阻燃剂及氮系阻燃剂等，进行了深入的研究并开发出了一系列的无卤阻燃试剂。同时，在阻燃剂中加入适量的抑烟剂可使材料的生烟量大为降低，抑烟剂以金属氧化物和过渡金属氧化物为主。

1.1.5 阻燃处理方法

阻燃木材的阻燃性能不仅取决于阻燃剂的性能和用量，而且与阻燃剂在木材中的分布状态有关。阻燃处理对木材强度、吸湿性等的影响取决于所用阻燃剂的种类、酸碱性及处理工艺条件。因此，选择合适的阻燃处理工艺，既能提高阻燃性能又不破坏木材物理力学性能和工艺性能。木材的阻燃处理方法多种多样，其中多数方法由移植或改良木材防腐处理方法而来，包括浸注法、喷涂法、贴面法、热压法、复合法、辐射法、超声波法、离心转动法、高能喷射法等。

1. 浸注法

该方法是将木材浸泡在阻燃剂溶液里，在常压、真空、加压或者综合运用几种压力条件下使阻燃剂进入木材的内部，从而起到阻燃的目的。浸注法适用于渗透性好的木材，而且要求木材保持足够的含水率。浸注深度一般可达几毫米，此方法处理的木材基本可以达到阻燃目的。

（1）常压浸注法

常压浸注法是在大气压力下进行处理，用黏度较低的阻燃剂溶液，在室温或加热条件下，将木材浸注在药液中，浸注时间长短取决于木材所需阻燃程度和木材的浸注性能。

该法工艺简单、成本低廉、设备投资少，但只适于处理单板等厚度较薄的材料，以及渗透性能较好的材质，即木材纹孔较粗的材质。

（2）加压浸注法

加压浸注法是将木材置于高压罐内，先抽成真空，抽掉木材内部的气体，借助于放真空吸入阻燃剂药液，然后加压将阻燃剂药液压入木材内部，分为空细胞法、满细胞法和修正的满细胞法。

加压浸注法能在很宽范围内改变处理条件，并且通过调整阻燃剂组成可改变其浸注性质，具有快速、均匀、浸注深度大、增重率较高以及浸注程度可控等优点，是目前最有效的处理方法之一。但该方法需专门设备，技术费用高且真空度、压力、加压时间、树种、早晚材、浸注方向、溶液浓度等因素都可能对处理效果有重要影响，尤以压力和加压时间为关键。

2. 分段浸注法

分段浸注法是将不同药剂分别浸注，使前后处理的药剂相互反应生成沉淀，经处理的木材干燥后可增重20%～100%，增重率取决于处理液浓度与质量、处理时间等，且干燥后木材陶瓷化、阻燃性、硬度、尺寸稳定性等大为提高。该法不需特殊装置，仅用2台浸注槽和2台药液调和槽，有必要加以推广。

3. 化学改性法

采用高分子化合物的单体，通过加压浸注等手段注入木材内，再经过核照射、高温加热等方法，引发化学单体在木材内聚合生成高分子聚合物沉积在细胞壁和细胞腔上；或者通过高温、催化、偶联等手段使药剂的分子基团与木材的化学成分中某些基团如羟基发生反应，生产酯化木材、乙酰化木材、醚化木材。

目前化学改性主要用来提高木材的物理力学性质及抗生物降解的能力。通过化学改性手段赋予木材阻燃性能尚在研究和探索阶段。其关键问题是遴选合适的化学单体、优秀的阻燃成分及适合的偶联剂。高成本也是必须解决的障碍。这一新技术能克服木材阻燃处理后存在的强度降低、吸潮、因不抗流失而有效期短等诸多问题。

4. 喷涂法

在对阻燃性要求不高或古建筑木构件不便浸注处理时，可采用涂刷或喷涂阻燃涂料方式，隔离热源，阻止材面接触空气，降低燃烧性能，但却覆盖了实木原有纹理及质感。大多数无机涂料为硅酸钠（防火效力大，易膨胀）或硼砂、硼酸等，配制简单、操作方便、成本低，但抗流失性差。有机防火涂料主要有两类：一是涂料受热产生沸泡和膨胀，形成蜂窝状木炭而阻燃；二是依靠涂料本身的不燃性与低的热传导而阻燃。有机涂料抗流失性好，喷涂工艺简单，但成本高。

5. 贴面法

将石膏板、硅酸钙板、铁皮及金属箔等不燃物覆贴在木材或木质材料表面起阻燃作用，该法仅限于表面处理，而且覆盖木材原有纹理，失去木材质感。

6. 热压法

适用于人造板生产，对板材物理力学性能影响甚微。其方法一是将粉状阻燃剂均匀撒在板面上，在热压条件下使其熔融渗入板内，避免了加压浸注时板材表面的膨胀及处理后的干燥，缺点是难以施加足够剂量，热压时也难保阻燃剂停留在板面；二是在板面涂刷或喷涂液体阻燃剂，热压时使其渗入板内，但易使板材表面鼓泡。

7. 复合法

在人造板生产中，在胶粘剂或刨花、木纤维中拌入阻燃剂。阻燃剂的加入可能会影响胶粘剂的固化，故需调整配方或固化剂用量。无机胶合人造板，如水泥刨花板、石膏刨花板、水泥木丝板等，具有良好的阻燃性。复合法以其节约木材、阻燃、防腐、价低等优势而具有强劲的发展势头。

8. 辐射法

近年来，随着等离子体、紫外线、射线等的发展，其对木材、木质材料的阻燃处理也渐渐成为热点。

9. 超声波法

超声波作用于溶液时会产生"超声空化"现象，产生数以万计的微小气泡，这些气泡迅速闭合，产生微激波，局部有很大的压强，能在木材表面产生加压效果。微波与超声波组合处理阻燃剂浸注效果明显，水曲柳木材在微波处理后浸注 30min 的阻燃浸注效果与 1.0MPa，30min 加压浸注效果相当；樟子松木材微波处理后超声波浸注 30min 的阻燃剂浸注效果相当于 1.0MPa，30min 加压浸注效果的 60％。

10. 离心转动法

离心传动机的组成机构：圆筒杯状壳体（内设带底板的支撑浮子）、与圆筒杯同轴固定并通过弹性件与壳体的侧壁和底板相连的可转动挠性连接、对称于转动轴安装的圆筒式浸注室及其传动机构，在常压下的离心浸注能使木材对药剂的吸收量增加。

11. 高能喷射法

高能喷射方法即先在木材上用钻头钻好一个小孔，将喷嘴紧紧地插入小孔中，在高压作用下将浓的阻燃剂喷入。由于高压作用，使阻燃剂在木材内向四处喷射，这样能使喷射点周围相当大范围内得到较好的阻燃处理，同时，由于使用的是浓阻燃剂，还可以利用浓度差进行扩散。喷射处理后，将小孔堵塞起来。这种方法对细木工构件，如门、窗的框架进行修补处理是理想的。目前，这种喷射器正在研制试用中。

1.1.6　标准及验收

1. 木材阻燃有关的标准

《难燃胶合板》（GB 1801）

《难燃中密度纤维板》（GB/T 18958）

《水基型阻燃处理剂通用技术条件》（GA 159）

《阻燃材料燃烧性能试验方法　木垛法》（GA/T 42.1）

《阻燃材料燃烧性能试验方法　火管法》（GA/T 42.2）

《阻燃材料燃烧性能试验火传播试验方法　火管法》（GB/T 17658）

《建筑材料燃烧性能分级方法》（GB 8624）

《建筑材料燃烧性能分级方法》（GB 8625）

《建筑材料可燃性能试验方法》（GB 8626）

《建筑材料燃烧及分解的烟密度试验方法》（GB 8627）

2. 木材阻燃性能检测方法

（1）火管仪测试法

用于测试阻燃板的可燃性，提供其在可控着火条件下燃烧性（失重百分率）的相对值，还可测出失重速度、燃烧时间、残焰时间和温度的增加等数值。火管法为我国阻燃木材燃烧性能公共行业标准测试法，国外同类标准有 ASTME 69-80，ASTME 119 等。

（2）热分析法

是研究木质材料的热分解、燃烧、阻燃机理及测定与热相关的物理量（如热容、热导率等），包括热重分析（TG）、差热分析（DTG）、差示扫描量热分析（DSC）、热一力分析和逸出气体分析等，样品用量少、简便、快速，是研究木材热解及木材阻燃的主要手段之一，如 TG-DTG 联用可获得阻燃处理前后木材热解峰温及残余炭量的变化。

（3）锥形量热仪法（简称 CONE）

是建立在氧消耗原理上的燃烧测试仪。材料燃烧每消耗 1g 氧气，释放出热量 13.1kJ，受材料种类和燃烧程度的影响很小。因此测定材料燃烧的耗氧量，可精确计算热释放量及试样在单位时间单位面积上释放的热量（热释放率 HRR）。CONE 可模拟多种火焰强度，同时提供热、烟、质量变化及烟气成分等的相关参数和重要信息。试验结果与大型燃烧试验相关性良好，是一种小比例火灾模拟试验仪，被公认为具有科学、合理、先进性，但因价格高目前尚难普及。

（4）模型试验法

是在建立实木燃烧、火险及其危害评估等数学模型的基础上，将计算机火灾模拟与大型火灾试验结合，作为材料实际火灾的依据，对其危害进行评估，是今后火灾试验标准的发展方向之一。

1.2 木材防腐材料

1.2.1 木材防腐剂的分类

木材防腐剂主要包括油类防腐剂、油载防腐剂和水载防腐剂 3 类，目前使用最为广泛的是水载防腐剂。

1. 油类防腐剂

油类防腐剂通常是煤焦油及其分馏物如煤焦杂酚油、蒽油和煤焦杂酚油与石油混合液等。从煤焦油中高温提炼出来的这些分馏物可统称为煤杂酚油，它本身可能含有几百种有机化合物，目前已鉴定出的有 100 多种。除了对人畜的毒性以及对环境造成影响外，煤杂酚油处理的另一个主要缺点是处理后制品的表面有渗出现象，这些缺点限制了煤杂酚油的应用范围。目前，这种防腐剂只能用于处理工业用材，如枕木和电线杆等，而不能处理民用木材。在所有用途的处理材中，枕木占 70%，电线杆占 15%～20%，其他用途占 10%～15%。尽管煤杂酚油的使用面临着许多来自环保方面的压力，但是煤杂酚油可以在土壤中迅速降解，并且废弃的处理材还是一种很好的燃料。在一些特定的用途方面，还没有别的防腐剂可以代替煤杂酚油，因此这种防腐剂还将继续使用。目前需要解决的问题是渗出现象，得到一个干净的处理材表面。煤杂酚油需要进行压力处理，使防腐剂能很好地渗入木材中，提高处理质量。

2. 油载防腐剂

油载防腐剂主要包括五氯酚、环烷酸铜等。五氯酚是氯和苯酚的反应产物，是一种结晶化合物。1928 年开始作为木材防腐剂使用，是一种使用比较广泛的油载防腐剂，主要用于处理电线杆和桩材。但是由于它对人畜毒性较大以及对环境的影响，因此在许多国家如新西兰已经被禁止使用。这种防腐剂对腐朽菌及大部分的虫类有效，但是对海底钻孔的虫类无效。环烷酸铜在 1889 年开始就用于木材防腐，但是一直没有得到广泛使用。直至 20 世纪 80 年代，才开始用于处理电线杆、桥梁、篱笆等用材。有研究指出，油载防腐剂的高效性除了来自于防腐成分本身，还在很大程度上来源于所采用的载体—油。

3. 水载防腐剂

由于能源危机、表面特性以及性能优越的水载防腐剂的出现，在许多场合油载防腐剂逐渐被水载防腐剂所取代。下面介绍几类主要的水载防腐剂：

(1) 含砷和铬的水载防腐剂

加铬砷酸铜 CCA（chromated copper arsenate）是近年来应用最为广泛的水载防腐剂，其中的有效成分为铜、铬、砷的氧化物或盐类。这 3 种主要成分在防腐处理中起到不同的作用，铜可以抵制腐朽菌的侵入，砷具有抗虫蚁以及抵制一些具有耐铜性的腐朽菌的侵入，而铬可以增强处理材的耐光性和疏水性。这几种成分可以与木材的组成成分结合，增强抗流失性。CCA 的价格便宜，处理后防腐性能、力学性能和表面涂饰性能良好，与木材之间结合好（抗流失性强）。但是，CCA 中含有的砷和铬有可能危害人体健康及环境质量，并且 CCA 处理材的废弃处理仍缺乏妥善的途径，因此在很多国家开始禁用 CCA。

(2) 基于其他金属的水载防腐剂

除了砷和铬以外，其中可用于木材防腐的金属还包括铜、锌、铁、铝等。通过不同的有机生物杀灭剂与这些金属的氧化物或盐类进行组合，可以产生很多种可能的木材防腐剂。这些有机生物杀灭剂包括烷基胺类、苯胺类、苯并咪唑类、拟除虫菊酯、取代苯、取代木素、氨磺酰类、三唑类、2，4-二硝基苯酚、苯并噻唑类、氨基甲酸酯类和胍基衍生物等。目前，在工业上应用的主要是几种铜系水载防腐剂，其中包括 ACQ（季铵铜）和 CA（铜唑）。ACQ 共有 3 个配方：ACQ-B、ACQ-C 和 ACQ-D，其中常用的 2 个配方是 ACQ-B 和 ACQ-D，两者的区别在于 ACQ-B 的溶剂中含氨而 ACQ-D 的溶剂中含胺。CA 的 2 个配方 CA-A 和 CA-B 的区别在于 CA-B 的配方中加入了硼。铜在木材防腐中扮演着重要的角色，从最初的 $CuSO_4$ 到现在的 CCA、ACQ 和 CA，很多木材防腐剂的配方中都含有铜。这主要是因为铜对腐朽菌有很高的毒效，另外价格低廉，对人畜毒性低也是原因之一。对于其他的金属如锌、铁等，虽然也有很多相关的专利，但是实际应用还不是很多。

(3) 无机硼类

硼类木材防腐剂在澳大利亚、新西兰和欧洲的使用也有 50 年左右的历史，它的优点是低毒性和广谱抗菌性，通常用于处理锯材、胶合板、定向刨花板、门窗、家具等。但是这类木材防腐剂都是水溶性的，因此抗流失性很差，几乎不可能用于处理室外用材。目前正在进行的研究主要是将硼类化合物与有机化合物进行结合，产生一种抗流失性强的复合体，从而使复合体中的硼能发挥防腐作用。另外，通过应用不同的防腐处理工艺也可以提高无机硼类防腐产品的性能，目前应用前景最好的是气相硼处理法。

1.2.2 选用原则

作为能抑制危害木材的生物，延长木材的使用年限的木材防腐剂，选用时应考虑以下几个原则：

1. 生物抵抗性，对危害木材的生物必须有足以抑制其生长的能力。
2. 对木材有良好的渗透性。
3. 具有良好的抗流失性，药力持久，不会因水湿而外渗，或因暴晒而氧化变质。
4. 对金属无严重的腐蚀作用。
5. 对木材的物理力学性质无明显影响。
6. 处理后的木材燃烧性不应增高，不影响涂饰或油漆，对人畜等的刺激性气味不大。

7. 来源广泛，价格合理。

1.2.3 材料的应用现状及存在的问题

我国木材防腐处理，主要是少量枕木、坑木、电杆、橡胶木及少量古建用材，国内木材防腐产业的规模较小，防腐材用途较窄，未能在建筑领域大量应用。使用的防腐剂主要为 CCA、防腐油、五氯酚、硼合物、林丹等。我国现每年用克里苏（Creosote）油处理的枕木和电杆约 20 万 m^3。用硼化物处理的橡胶木产量在云南西双版纳增长较快，国内用硼化物处理木材总量每 25 万～30 万 m^3。农用材、园林用材等室外防腐木材以及建筑结构材发展较快，使用的树种主要为樟子松、马尾松、辐射松、南方松、铁杉、桉树、竹材等，使用的防腐剂主要为 CCA，另外有 ACQ 系列、CuAz 等。

1. 常用的防腐剂的应用现状

（1）CCA 木材防腐剂

根据铜、铬、砷的比例不同，CCA 包括 CCA-A、CCA-B 和 CCA-C 3 个配方。CCA 的价格便宜，处理后防腐性能、力学性能和表面涂饰性能良好，与木材之间结合好（抗流失性强）。CCA 防腐剂中如果含有硫酸根离子，会对防腐处理设备造成腐蚀，也会引起木材的材性损失，因此自 2004 年美国 AWPA 标准已规定 CCA 防腐剂中不应含有硫酸根离子。目前我国很多工厂使用的 CCA 防腐剂中仍含有硫酸根离子，应引起注意。但是由于公众对砷、铬等的恐惧心理，特别是用 CCA 处理木材产生的废弃物的处置给环境带来的危害，促使美国、绝大多数欧洲国家、日本等对 CCA 处理的木材进行了限用和禁用。但在我国目前约 70% 的园林用材仍使用 CCA 防腐剂，并且在农用材上也有广泛的应用。国内外至今未有报道使用 CCA 防腐剂造成对人体危害的证据，CCA 防腐木材最大的环境问题是废弃的防腐木材如何处理。

（2）ACQ 木材防腐剂

ACQ 是以二价铜盐、烷基铵化合物为主要成分的新一代木材防腐剂，最先由美国化学专业公司（CSI）研制开发，因不含铬砷而能满足环保的要求，在美国已成为替代 CCA 防腐剂的主要产品。ACQ 共有 3 个配方：ACQ-B、ACQ-C 和 ACQ-D，其中常用的 2 个配方是 ACQ-B 和 ACQ-D，两者的区别在于 ACQ-B 的溶剂中含氨，而 ACQ-D 的溶剂中含胺。目前我国的 ACQ 防腐剂处理木材的比例也在逐步上升，目前园林用材已占到约 30%。随着人们环保意识的增强，ACQ 防腐剂的比例还会增加。ACQ 防腐剂的价格是 CCA 防腐剂价格的四倍左右，这是影响 ACQ 使用的重要原因。目前国内 ACQ 防腐剂使用的最大问题是用药量不够，很多防腐企业的防腐木材 ACQ 载药量只有 2kg/m^3 左右，而合格品应在 6.4kg/m^3 以上。

如果 ACQ 防腐剂含有氯离子或硫酸根离子，就会大大增加防腐剂的流失性，从而达不到防腐的效果，目前检测机构对 ACQ 防腐木材和防腐剂进行检测时，多检测铜离子和季铵盐的含量，而不对其他成分检测，应尽快加以规范。

（3）铜唑（CBA）木材防腐剂

这是一种由二价铜盐、戊唑醇、氯氰菊酯和硼酸作为主剂的木材防腐剂，在这个配方中，可以省去杀菌或杀虫剂成分（例如氯氰菊酯或硼酸），在欧洲市场上以商品名 TanalithE 销售。铜唑防腐剂最早由 Hicksons-Arch 公司研发，中国林科院木材科学研究所也具有了铜唑的专利。铜唑防腐剂也是 CCA 防腐剂的理想替代药剂，在我国台湾 CBA 防腐剂的用量较大，因不含有季铵盐，相对 ACQ 防腐剂来说，对设备的腐蚀性较小，目前国内仅有很少厂家使用此种防腐剂。

（4）Copper HDO 木材防腐剂

这种木材防腐剂由德国 Dr. Wolman 公司研发，此防腐剂没有氨味，对设备的腐蚀性也小于 ACQ，在欧洲占据了相当份额的市场，国内标准尚未将该防腐剂纳入条文，目前国内尚未有该类防腐剂的销售，但有少量处理木材销售。

（5）硼系列木材防腐剂

硼类木材防腐剂在澳大利亚、新西兰和欧洲的使用也有 50 年左右的历史，它的优点是低毒性和广谱抗菌性，通常用于处理锯材、胶合板、定向刨花板、门窗、家具等。但是这类木材防腐剂都是水溶性的，因此抗流失性很差，几乎不可能用于处理室外用材。目前的研究主要是将硼类化合物与有机化合物进行结合，产生一种抗流失性强的复合体，从而使复合体中的硼能发挥防腐作用。另外，通过应用不同的防腐处理工艺也可以提高无机硼类防腐产品的性能，目前应用前景最好的是气相硼处理法。

（6）克里苏（Creosote）油

克里苏油成功的应用于木材防腐已有超过 150 年的历史。其杀菌力强，并可防止白蚁滋生，且不易被水溶解，故在任何环境下使用，都能长久保持其效力，一直是世界上公认的优良防腐剂之一。它的缺点是颜色呈黑褐色，处理后的产品无法涂饰且具有臭味。主要用于电杆、枕木、港湾用材及香蕉、果树支柱的防腐处理。在我国长期用于铁路枕木，目前每年处理量仍有 10 万 m^3 左右。

（7）有机系列木材防腐剂

有机溶剂型木材防腐剂一直是木材防腐剂大家庭中的一个主要成员。它们基本上都不溶于水。目前使用的有机型防腐剂主要有：百菌清、三丁基氧化锡、烷基铵化合物、戊唑醇、氨基甲酸酯、碘代氨基甲酸酯、拟除虫菊酯、双硫（代）氰基甲烷（MBT）等。

2. 存在的问题

（1）木材防腐生产能力不够，处理材种单一

我国是一个木材消费大国，年木材消费量达 1.6 亿 m^3。但每年防腐处理木材总量仅约 60 万 m^3，不足木材产量的 1％，与世界发达国家和准发达国家相比，差距甚远。各生产厂家生产的防腐木材的材种一般都以进口木材为主，如樟子松、南方松、赤松、铁杉、云杉等。其中处理量最大的为俄罗斯的樟子松，因为其价格低，木材材性适合防腐木材生产工艺的要求。随着木材消费结构的不断变化，单一木材必定难以满足消费市场的需要。

（2）高毒防腐剂仍在使用

一些高毒防腐剂，特别是国际上已被禁止使用或限制使用的防腐剂仍在我国使用，例如，林丹在国际上已被禁止使用；五氯酚与五氯酚钠在大多数国家已被禁止使用，在一些国家被限制使用；CCA 由于含砷，美国、欧盟已颁布法规于 2003 年底禁止在民用场合中使用。

（3）木材防腐基础研究需要加强

无毒或低毒（无五氯酚及其钠盐、铬砷、林丹等成分）木材防腐剂的研究开发与推广应用，如季铵铜、百菌清、柠檬酸铜等。扩大防腐木材的应用领域，如护栏等建筑领域。

需加强木材渗透性的研究。加强现有木材天然耐腐性的研究、木材防腐产品的分析方法、木材防腐产品的质量检测。加强木材腐朽、虫害危害程度、区域范围、造成的影响以及导致木材腐朽、虫害的生物因子的研究等。

（4）制定适合国内木材防腐处理的标准及相应的法规

近年来，木材防腐产业发展较快，但相关标准滞后，环境保护、防腐剂的管理、产品质量及监督问题日益突出，迫切需要建立健全防腐剂及防腐木材的有效监管及质量监督体系，确保防腐木材的使用寿命及木材防腐工业的健康发展。对于已列入标准的木材防腐剂、防腐木材产品，质量检测内容应为用化学及仪器分析方法，确定防腐剂的种类、有效成分含量、木材中防腐剂的吸药量及渗透度等。若国内未有相关分析标准，应尽快制定，并可暂时参照国外标准进行分析。

1.2.4 最新研究成果

1. 轻有机溶剂型防腐剂（LOSP）及防腐技术

对于经过水溶型防腐剂处理后的木制品，易因湿胀导致尺寸不稳定，宜采用有机溶剂型或 LOSP 处理较适合。用此技术处理的防腐木材达到使用寿命后，有机物可自然分解，无木材固体废弃物的产生及回收处理问题。LOSP 采用沸点较低容易挥发的有机烃混合物作为溶剂，因此，需解决车间内有机溶剂的释放问题。LOSP 最先在英国应用，目前在澳大利亚、美国、新西兰等国的应用也较为普遍。使用 LOSP 处理有以下优点：处理后木制品尺寸稳定、无需二次干燥、表面干净无粉尘、保持木材本色、防腐剂抗流失性好、对金属连接件无腐蚀等；可同时与防水剂、染色剂一起处理木材，但木制品处理前含水率须控制在 20% 以下时，比较容易操作；药剂渗透性能好、防腐液吸药量 30～40L/m³，可完全渗透，而一般水溶性防腐剂需要 300L/m³ 以上才能完全渗透。美国每年用有机溶剂型防腐剂及 Creosote 处理木材 360 万 m³，产品主要是电杆、木桩、胶合板类、集成材等。有机溶济型防腐剂中，防腐剂为环烷酸铜、8—羟基喹啉铜、五氯酚等，有机溶剂主要用 AWPA-A 型。澳大利亚每年用 LOSP 处理的木材量为 10 万～11 万 m³，广泛应用于门窗、集成材的处理，使用的防腐剂为除虫菊酯、环烷酸铜、三丁基环烷酸锡（TBTN）等，有机溶剂为有机烃石油馏分，由石油公司提供。用 LOSP 处理木材基本不用回收溶剂。

目前国外 LOSP 技术使用双真空工艺，我国至今未采用此项技术，也不生产此类产品。鉴于国内的木制品产量逐年增大，且基本未进行任何防腐处理。为延长本材使用寿命，提倡绿色防腐剂，此技术在国内有较好的应用潜力，但国内需解决的关键技术问题是：防腐处理工艺及质量要求、如何控制操作车间内有机溶剂的释放等。

2. 木材防腐防水一体化处理

木材防腐、防水一体化处理技术是指在防腐剂中加入防水剂，一并进行处理。若防腐处理干燥后再进行表面防水或其他处理工艺较为复杂，也增加产品成本。而未经防水处理的防腐木材，在室外自然条件下使用时容易湿胀或干缩开裂，开裂后容易导致内部未渗透药剂的部分腐朽，从而缩短木材的使用寿命。在国外，木材经 ACQ 防腐处理后，通常再进行表面防水处理。国内使用的 ACQ、CuAz 等防腐剂均无防水功能，需进行防腐防水一体化的应用研究。

3. 新研发的木材防腐剂

(1) 复合型无机硼类木材防腐剂

无机硼类化合物对侵害木材的多种微生物都具有良好的抵抗作用，具有优良的杀菌广谱性和高效性，而且由该化合物处理的木材试样在阻燃性、尺寸稳定性等方面都有一定提高。此外作为一类性能优良的无机杀虫灭菌剂，硼类化合物不仅具有价格低廉、来源丰富、对人畜低毒、环境危害小等优点，而且作为木材防腐剂，该类化合物在木材中渗透性能好，浸注效果优良，且不影响木材本身的颜色和纹理，因此具有十分广阔的应用和推广前景。但是在实际应用中对白蚁和霉菌的耐腐效果较差，而且作为一类水溶性化合物，硼类化合物不易在木材中沉积，抗流失性较差。为了克服该类防腐剂的缺点，可以在该类防腐剂中添加某些化合物，制成复合型硼类木材防腐剂以增强其耐腐性和硼元素的抗流失性，如目前研究较多的金属改性硼基复合防腐剂和无金属硼基复合防腐剂。

(2) 金属改性硼基复合防腐剂

使用对环境影响较小的金属物质对无机硼类防腐剂进行改性，是提高防腐剂的耐腐性和抗流失性的有效方法之一。目前由各类含砷、铬等重金属的防腐剂的使用受到限制，而迄今为止还没有一类高效、低毒的无金属防腐剂可以推广使用以替代 CCA。因此可以采用铜、锌等对环境影响相对较小的金属对某些高效低毒、环保型的防腐剂如硼类等进行改性，改善防腐剂的缺点，提高其耐腐性，以部分替代传统的 CCA 木材防腐剂，如目前研究较多的铜唑、偏硼酸及硼酸金属化合物等。

偏硼酸及硼酸金属盐类木材防腐剂是金属改性复合硼基木材防腐剂中的一类，主要有偏硼酸铜、偏硼酸锌、硼酸铜和硼酸锌等几类。该类化合物是一类非水溶性化合物，结构稳定，难溶于水，因此很难利用水等作为媒介物质进入木材内部，目前主要通过喷洒等方式处理木材表面，提高木材表面的耐腐性。偏硼酸及硼酸金属盐类结构稳定，因此还可以以添加剂的形式添加到各类人造板的胶粘剂中复合使用，以提高人造板的耐腐性。该类防腐剂在木质复合材料中的应用，不仅具有良好的防腐性能，而且还具有生产工艺简单、防腐剂在复合材料中的分布均匀等特点，具有作为各类木质复合材料的新型防腐剂的巨大优势。

(3) 无金属硼基复合防腐剂

无金属硼基复合木材防腐剂主要通过在硼酸等硼类防腐剂中添加某些有机或无机非金属物质，以提高硼类防腐剂的耐腐性能和抗流失性。采用非金属化合物对硼类防腐剂进行复合改性，不仅可以提高硼类防腐剂的耐腐性和抗流失性，而且还可显著降低由于金属物质的存在对环境和人畜等造成的潜在危害，此外无金属硼基复合防腐剂还可以提高对某些耐铜性腐朽菌的抵制能力。目前对无金属硼基复合防腐剂的研究主要有以下几类：八硼酸氢二钠四水化合物（DOT）硼基木材防腐剂、硼酸与烷醇胺复合硼基防腐剂、硼酸三甲酯与苯基咪唑类化合物（fipronil）复合木材防腐剂。

(4) 新型有机胺类木材防腐剂

有机胺类及其衍生物类所具有的耐腐广谱高效性、低毒环保性、在木材中固着率高、对木材表面污染小以及原料来源广等优点使其具有很好的应用和发展前景。尤其是近几年来，随着环境问题的突出，CCA 等含重金属的木材防腐剂被禁用或限用，行业内重新将注意力转向拥有诸多优点的有机胺类化合物的研究和应用上。针对有机胺类木材防腐剂在应用中所出现的问题，一般通过添加铜元素或使用结构更复杂的有机胺类衍生物进行改性处理。根据不同的改性方式，新型有机胺类防腐剂主要可以分为金属改性有机胺类复合防腐剂和无金属有机胺类复合防腐剂两类。

（5）金属改性有机胺类复合防腐剂

金属改性有机铵类复合防腐剂主要通过在有机铵类防腐剂中添加某些金属物质，提高防腐剂的耐腐性。目前主要是以金属铜、锌等对人畜危害较小的金属元素对有机铵类进行复合改性为主。

乙醇胺铜类木材防腐剂是一类含铜的有机铵类复合防腐剂。该类防腐剂对危害木材的各类微生物具有较好的耐腐性能，但处理材中铜元素很容易流失。因此乙醇胺铜木材防腐剂在使用过程中，铜元素的固着是提高处理材耐腐性的重要环节。目前可以通过对处理材进行窑内干燥等后处理，提高铜的固着速度，以降低铜的流失。同时还可以直接在防腐剂中添加某些成分如硼类化合物等对其进行改性处理。

季铵盐乙醇胺铜复合木材防腐剂，具有更优良的耐腐性能，并且乙醇胺铜中的铜元素在木材中的固着效果更佳，具有很高的抗流失性。季铵盐可以和乙醇胺铜中铜元素形成更复杂和稳定的化合物，该化合物可以和木材中的羧酸基和酚羟基中的氧原子形成化学键，从而可以更牢固地与木材结合，因此降低了处理材中铜元素的流失。

（6）无金属有机铵类复合防腐剂

无金属有机铵类复合防腐剂主要是在各类单成分的有机胺或者有机铵盐类防腐剂中添加某些非金属成分，从而改善有机铵类防腐剂的各项相关性质。经过改性的无金属有机铵类复合防腐剂和单成分有机胺或者有机铵盐类防腐剂相比，其杀菌的广谱性和高效性更显著，并且改性后化合物在水中和空气中的稳定性提高，因此防腐剂的抗流失性以及在木材中的渗透性能更优良。此外该类防腐剂对人畜低毒、环保，因此处理材适用于各类与人畜接触的场合。目前对无金属复合有机铵防腐剂的研究主要集中在对季铵盐类及其衍生物、咪唑类化合物等杀菌剂方面。

新型含有机及无机阴离子的离子流体型高效季铵盐（QAC）木材防腐剂。由于单成分季铵盐防腐剂（QAC）处理材在实际的应用中耐腐性较差，为了提高QAC防腐剂的耐腐性，可以对QAC进行改性。其中改变传统的QAC类化合物的阴离子，就是一类提高QAC防腐剂的耐腐性的有效方式。

氯化咪唑类化合物和氯氰菊酯型木材防腐剂。某些杀虫剂如氯化咪唑等也适合用作木材防腐剂。作为常用的农业灭菌杀虫剂，氯化咪唑类化合物在作为木材防腐剂应用的过程中，虽然可以起到一定的防腐效果，但由于该类化合物所具有的灭菌杀虫的专一性，不能对多种菌虫同时起作用，因而应用范围较窄。为此可以将多种高效的灭菌杀虫剂复合使用，充分地发挥其各自的灭菌杀虫性能，从而实现杀菌的高效和广谱性。

（7）有机杀菌消毒剂类

目前对有机杀菌消毒剂的研究主要有氧肟酸盐类化合物、壳聚糖类化合物等。这类化合物对各类真菌微生物都具有较强的毒杀和抵抗作用，并且对人畜安全环保，可以用来作为各类会与食品、人体等接触的木材的防腐处理。

（8）植物抽提物及种子油类植物防腐剂

研制开发包括植物抽提物和种子植物油类的植物防腐剂是未来环保型木材防腐剂的发

展方向之一。就耐腐性而言，植物型防腐剂的成分复杂，对各类微生物都具有十分优良的抵抗力，其杀菌的广谱性明显优于目前大多数以化学药剂为主要成分的防腐剂。而且植物型木材防腐剂作为天然的植物中的抽提物，基本不会对环境有任何的负作用。不仅如此，植物型木材防腐剂的原料来源主要来自于可再生的森林资源，具有再生性。

（9）纳米类木材防腐剂

近年来，随着纳米技术的深入研究，其技术日趋成熟以及纳米材料所表现出来的诸多优点，使纳米技术逐渐在木材行业受到广泛的应用。并且随着纳米技术在木材行业的深入应用，各类纳米材料的层出不穷，纳米木材防腐剂所表现出来的优异性能也受到广泛的关注，可以预测纳米木材防腐剂在未来具有巨大的发展潜力，很可能会极大地促进传统木材防腐剂和防腐处理方式以及处理设备的改造和革新。目前对纳米防腐剂的研究主要有纳米金属类防腐剂和纳米载体类防腐剂，其中对纳米金属类防腐剂的研究较多。

1.2.5 防腐处理方法

1. 木材防腐预处理

（1）去皮

由于树皮中含有丰富的营养物质，为木腐菌的生长提供优良的营养、水分等条件，所以对于刚伐下来的木材去皮以利于保存。去皮的方法有手工、机械等，应根据生产条件选择合适的方法。

（2）干燥

目的：第一，一般的处理很难使防腐剂渗透到整个木材中，心材最不易渗入。第二，木材含水率对防腐剂的注入量有很大影响，在高含水率状态下木材孔隙被水充填堵塞，阻断了防腐剂的渗透通道，使注入量减少；另外高含水率情况下处理的木材，随着水分蒸发防腐剂会被带到材面析出（对水溶性防腐剂而言），影响防腐效果和后续加工。干燥处理有利于防腐剂吸收，一般要求含水率在25%～35%以下。第三，干燥后再进行防腐处理的木材可直接使用，如机械加工、油漆、胶结等。

干燥的方法有天然干燥和人工干燥。人工干燥速度快，质量好，但成本高；而天然干燥若达到同样的含水率需要的周期长，但其成本较低。因此，在实际的应用中应视树种、地域条件以及工厂的实际情况来选择。为防止木材干燥过程中的过度开裂，及防腐过程中有时发生开裂现象，必须进行防裂处理，如捆扎、涂防裂剂、钉防裂器等。

（3）刻痕

刻痕可提高防腐剂的渗透深度和分布的均匀性，同时也可减少素材的开裂，增加气干速度，尤其是采用减压干燥时，可大大提高干燥速度。刻痕加工主要是针对心材难以浸注的树种采取的方法，一般在专用的刻痕机上进行，有的只在一个表面，对于难浸的木材要四面刻痕。

2. 木材防腐剂药剂处理

（1）简易防腐处理

涂刷处理：适用于较小规格材的处理。在涂刷前必须充分干燥，涂刷次数越多，防腐效果越好，但必须待前一次涂刷干燥后再进行下一次涂刷，效果才好。

喷淋处理：这种方法比涂刷法效率高，但易造成防腐剂的损失（达25%～30%）及环境污染，因而只用于数量较大或难以涂刷的地方。

浸注处理：把木材放在盛有防腐剂的敞口浸渍槽中浸泡，使防腐剂渗入到木材中。一般设有加热装置，以提高防腐剂的渗透能力。浸注法的注入量及注入深度与树种、规格、处理时间和含水率有很大关系。

冷热槽法：其原理是先将木材在热防腐剂槽中加热。由于木材受热温度上升，同时使木材内的空气受热膨胀，水分蒸发，内压大于大气压，空气、水蒸气从木材中排出。然后迅速将木材转移到冷槽中，由于骤冷木材内的空气收缩，未排出的水蒸气凝结，在木材内产生部分真空，防腐剂借助于内外压差被吸入木材中。

双剂扩散法：这种方法是将两种不同的水溶性防腐剂药液甲液和乙液分别置于两个槽中，木材在甲液中充分浸注处理后，再放到乙液中浸注一段时间，最后取出放置一段时间。

（2）真空加压处理

目前国内使用最多的木材防腐处理方法是真空加压处理方法，主要是双真空法，分为五个阶段：前真空、加防腐剂、加压、排防腐剂、后真空，经处理的木材可以达到标准要求的载药量，表面相对干燥，可以立即搬运，在处理后只要几天就可以进行胶接、油漆、砂光。对于樟子松等难处理木材，一般还需接合频压的方法进行处理。

压力处理的基本方法为满细胞法（贝塞尔法）、空细胞法（吕宾法）和半空细胞法（劳来法）。防腐处理工艺的改进大都基于基本的压力处理方法，如震荡压力法、交替压力法 APM、脉冲法、MSU 改良空细胞法、多相压力法等。

不同的处理方法在应用上有针对性，其主要目的可以分为 3 类：① 提高防腐液在木材内的渗透深度（即增强木材的可处理性）；② 加速防腐剂在木材内的固着反应；③ 针对某类防腐剂采用的特定防腐处理方法。如震荡压力法用于处理难处理的木材树种，而交替压力法和脉冲法用于处理生材或部分风干的木材。MSU 改良空细胞法在半空细胞法的基础上增加了蒸汽后处理，目的是加速防腐剂和木材之间的反应。气相处理法（VBT）主要是针对硼类防腐剂的处理，主要用于处理不与地面接触的木材及木质材料。VBT 处理后木材的力学性质可能发生变化，如抗冲击力下降等。

3. 防腐处理新工艺

（1）两次气体处理法

将木材依次用两种能够发生化学反应并在木材细胞中形成沉淀物的化学试剂处理。

（2）超临界液体处理法

超临界液体具有气体扩散通过纹孔膜的能力，又具有液体溶解防腐剂的能力。常用的超临界液体为 CO_2。处理时，先将超临界液体通过防腐剂的床或柱，再将达到要求的超临界液体引入盛有木材的密闭容器中，保持温度和压力，使防腐剂扩散到木材中心。然后改变温度和压力，使液体不再处于超临界状态，防腐剂的溶解度随着改变，大部分防腐剂沉积在木材中。

（3）气相硼法木材防腐处理

用气相硼在干燥过程中进行防腐处理，干燥木材和防腐可在同一设备中进行，实现一体化，设备简单，操作简便。

1.2.6 标准及验收

1. 木材防腐标准

《防腐木材生产规范》（GB 22280—2008）

《防腐木材》（GB/T 22102—2008）

《木材防腐术语》（GB/T 14019—2009）

《水载型木材防腐剂分析方法》（GB/T 23229—2009）

《木材耐久性能第 1 部分：木材天然耐腐性实验室试验方法》（GB/T 13942.1—2009）

《木材耐久性能第 2 部分：木材天然耐腐性野外试验方法》（GB/T 13942.2—1992）

《木材防腐剂对白蚁毒效实验室试验方法》（GB/T 18260—2000）

《防霉剂防治木材霉菌及蓝变菌的试验方法》（GB/T 18261—2000）

《木结构覆板用胶合板》（GB/T 22349—2008）

《木结构设计规范》（GB 50005—2003）

《木结构工程施工质量验收规范》（GB 50206—2002）

《木结构试验方法》（GB 50329—2002）

《古建筑木结构维护与加固技术规范》（GB 50165—1992）

《枕木》（GB 154—1984）

《水载型防腐剂和阻燃剂主要成分的测定》（SB/T 10404—2006）

《防腐木材化学分析前的湿灰化方法》（SB/T 10405—2006）

《防腐木材及木材防腐剂取样方法》（SB/T 10558—2009）

《木材防腐剂铜氨（胺）季铵盐（ACQ）》（SB/T 10432—2007）

《木材防腐剂铜铬砷（CCA）》（SB/T 10433—200）

《木材防腐剂铜硼唑-A 型（CBA-A）》（SB/T 10434—2007）

《木材防腐剂铜唑-B 型（CA-B）》（SB/T 10435—2007）

《铜铬砷（CCA）防腐剂加压处理木材》（SB/T 10502—2008）

《铜氨（胺）季铵盐（ACQ）防腐剂加压处理木材》（SB/T 10503—2008）

《真空和（或）压力浸注（处理）用木材防腐设备机组》（SB/T 10440—2007）

《木材防腐剂对腐朽菌毒性实验室试验方法》（LY/T 1283—1998）

《木材防腐剂对软腐菌毒性实验室试验方法》（LY/T 1284—1998）

《防腐木材的使用分类和要求》（LY/T 1636—2005）

《木材防腐剂》（LY/T 1635—2005）

《防腐木材产品标识》（LY/T 1925—2010）

《户外用木地板》（LY/T 1861—2009）（2010-11-18 补充）

《进出口木材及木制品中砷、铬、铜的测定电感耦合等离子体原子发射光谱法》
（SN/T 1796—2006）

《木材防腐剂与防腐处理木材及其制品中五氯苯酚的测定气相色谱法》
（SN/T 2145—2008）

《防腐枕木》（TB/T 3172—2007）

2. 验收

木材防腐是否有效主要由两项指标决定，即吸药量和透入度。

吸药量是单位体积木材吸收的防腐剂的量。对于水溶性和油溶性药剂来说，它特指防腐剂干药的重量。计算方法是木材药剂处理前后的重量差即为吸收溶液的重量，再用处理溶液的浓度换算成防腐剂干药重量，其结果用 kg（干药）/m^3（木材）表示。

透入度与木材树种有关。有些树种防腐剂很容易透入，如水曲柳、杨木、桦木及各种松木的边材。而像云杉、落叶松等则很难透入。透入度的检测一般用化学显色法测定。金属盐类和油溶性防腐剂大多是无色，或与木材相近的颜色。其透入度不容易在木材样品中显现。一些试剂能与防腐剂中的某些元素发生显色反应，该颜色即可表示为防腐剂的颜色。将防腐处理木材做横切或纵切面，或用生长锥钻取木芯检测。将检测试剂涂抹，或喷、或滴在处理材的截面或木芯的表面，待显色反应完成后即可确定防腐剂的透入深度，同时可直观地看到防腐剂在木材中分散的均匀程度。

1.3 木材尺寸稳定化材料

1.3.1 材料的分类

1. 憎水剂

向木材中添加一定量的防水剂（憎水剂），如石蜡、干性油、蜂蜡、硅油或亚麻仁油等。这种处理方法操作简单，价格便宜，防水率可达 75%～90%，抗胀缩率（ASE）达 70%～85%。主要用于刨花板或纤维板生产，将此防水剂以乳液的形式喷入碎料或纤维表面，加入量为 1%～2.5%。处理后的板材表面活性有所下降，胶合性能和制品的力学性能略有降低。

2. 树脂

将低分子量的酚醛树脂（PF）、脲醛树脂（UF）、三聚氰胺树脂（MF）、聚乙酸酯（PC）等树脂浸入木材内部，加热使其在木材内部缩聚成不溶物，填塞于纤丝间隙、纹孔以及细胞腔内，使纤丝间隙充分胀大，同时阻碍水分进入木材，达到稳定尺寸的目的。处理后木材的 ASE 随树脂的留存量（PL）的增加而增加。而且，固化后的树脂沉积于细胞壁内部，能对细胞起到加强作用，因此，经此法处理的木材力学强度会增加很多（可达 50%），但韧性有所下降。

3. 酸、醇混合液

将低分子的有机酸及醇的混合液浸入木材，在一定条件下使其在木材内部发生酯化反应，生成高分子不溶物填充于木材微纤丝间隙，使木材充胀，同时有机酸还能部分地与木材中-OH 反应，提高木材尺寸稳定性，减少木材吸水性。

4. 聚乙二醇

用低分子量（1000-4000）的 PEG 水溶液浸渍木材，使木材充分润胀，干燥后 PEG 以蜡状留存于细胞壁，使细胞壁处于膨胀状态，从而提高了木材尺寸稳定性。如用 PEG 浸渍处理木材 7d，ASE 达 60%，处理后的木材不仅耐磨性和韧性增加，而且还具防腐、阻燃效果。

5. 乙酰剂

用乙酰基（CH₃CO—）置换木材中的羟基（—OH），进而减少木材中的亲水基，起到降低木材吸水率的作用。而且乙酰基的导入，可产生酯化反应的不溶物填入微纤丝间隙形成充胀效应，从而达到稳定木材尺寸的目的。通常的方法是用乙酰剂（如乙酸酐、乙酰氯、硫化醋酸等）在催化剂（如吡啶、高氯酸镁等）的作用下，经一定条件处理木材数小时后干燥，可使 PL 达 25％，ASE 达 70％，同时 MEE 也显著增加。用该法处理的木材尺寸稳定性好，耐腐性增强，纤维制品延展性低，制品表面平整，密度均匀，无毒性，而且木材本身强度不会下降，目前在国外已进入应用阶段。

6. 异氰酸酯

异氰酸酯基易与木材中羟基反应，使木材中亲水基（主要是—OH）减少，从而达到稳定尺寸的目的。常用的药剂有：甲苯异氰酸酯（TDI）、4,4-二苯基甲烷二异氰酸酯（MDI）等。可用液相法或气相法处理，留存率随含水率增加而下降。处理后木材尺寸稳定性好且持久，强度增加，但韧性略有所下降，如 PL 为 30％时，ASE 达 70％。但此处理法所需原料价格高，且有剧毒，必须有严格的操作技术、设备和作业条件，所以其应用亦受到一定限制。

7. 甲醛

甲醛在强酸或无机盐的催化作用下，可与木材中的—OH 发生交联反应，形成亚甲基化合物，从而减少木材与水分的结合机会，达到稳定尺寸的目的。用该法处理木材，甲醛留存量小，尺寸稳定性好，而且在高含水率条件下木材的强度比未处理材大得多。但由于要采用强酸催化，会使木材在酸和水的作用下部分水解，力学强度有所下降，而且甲醛具毒性，处理不当会污染环境，在实际应用中还有一定的局限性。

1.3.2　选用原则

作为能减小木材吸湿性、改善木材尺寸稳定性能的材料，选用时应考虑以下几个原则：

1. 尺寸稳定性好。
2. 对木材物理力学性能影响较小。
3. 有良好的装饰性能，不影响后加工性能。
4. 木材的视觉、触觉和调节等环境学特性基本不受影响。
5. 低毒、无刺激性、无污染。
6. 处理简便、经济价廉、来源广泛。

1.3.3　材料的应用现状及存在的问题

1. 应用现状

目前对于提高木材的尺寸稳定性主要有如下几个方面：

（1）用交叉层压的方法进行机械抑制，如胶合板生产中的单板按纹理交叉方向组坯就是利用这一原理。

（2）防水涂料的内部或外部涂饰，主要有油漆涂刷、石蜡等有机防水剂的浸注处理。

（3）减少木材吸湿性，包括木材中极性物质的抽提或用树脂浸注处理木材等。

（4）对木材细胞组分进行化学交联，现绝大多数化学处理都是应用此原理。

（5）用化学药品预先使细胞壁增容，包括树脂浸渍，向木材中浸入不溶性无机盐，将酸、醇等浸入木材后进行酯化反应等。

在实际应用中，经常是同时采用几种方法或是一种方法也能起到多种作用。随着科技的进步，木材的尺寸稳定处理还有更新的方法，如对木材进行金属化或陶瓷化处理，不但增加了木材的尺寸稳定性，还能增加许多其他优良性能。

2. 存在的问题

（1）木材经尺寸稳定处理之后，力学强度下降的问题。

（2）有些处理剂造成的木材着色，影响木材的外观。

（3）改性剂的毒性污染问题。

1.3.4 最新研究成果

1. 金属化及陶瓷化处理

用低熔点金属或陶瓷材料注入木材细胞，限制木材的胀缩性，从而增强木材的尺寸稳定性，同时可大大增加木材的强度。其实，此法处理后所得到的是一种复合材料，具有许多优良性能，这也是目前研究的热门之一。如用合金（其中铋 50%、铅 31.2%、锡 18.8%，熔点 97℃）在 130～150℃条件下浸注木材 20～60min，可大大提高木材的尺寸稳定性。

2. 极性物质抽提

木材中相当部分的水分是与木材中的极性基团（—OH）或极性物质结合的，将木材中极性物质抽出可降低木材的吸水率，从而提高尺寸稳定性，但该法易使木材中半纤维素部分水解，使其力学性能下降，还引起材色的碱变色（变暗）。

3. 超高温热处理

（1）蒸汽处理工艺。处理过程中，用水蒸气来防止木材燃烧，处理环境中氧气含量控制在 3%～5% 以下。处理过程分为 3 个步骤：① 升温过程，包括预热、高温干燥及再升温阶段；② 实际热处理阶段；③ 冷却及平衡阶段。所处理的木材树种包括松木、云杉、桦木及杨木。因为树种不同，其化学组成和细胞结构不同，所以热处理参数选择和最终效果均有不同。

（2）惰性气体处理工艺。处理过程是在充满氮气的特殊处理室中进行，要求室内含氧量低于 2%，含水率 12% 左右的木材被缓慢加热到 210～240℃进行处理。结果显示：处理后木材的吸湿性能明显降低，且高温处理（230～240℃）过程可破坏腐朽菌所需的营养成分，使木材耐腐性能更好；但同时，处理也会造成木材颜色变暗、强度降低，抗弯强度损失 40%，且木材脆性增加。

（3）热油处理工艺。在热油（植物原油，如油菜籽、亚麻籽、葵花籽油等）中进行的，使木材在处理过程中与氧气充分隔离，且热传递效率高。研究结果显示，在处理温度为 220℃时，可获得较好的耐久性和最小的吸油量。同时发现，为获得木材最高的耐久性和最大的强度，处理温度宜在 180～200℃间，吸油量也在可控较小范围内。此方法的缺点是，处理成本较高，且存在着废油的净化及废弃处理问题。

1.3.5 尺寸稳定处理方法

木材尺寸稳定化的方法分为物理法和化学法两大类，物理法包括：防水处理、防湿处理、酚醛树脂处理和聚乙二醇处理；化学法包括：乙酰化处理、异氰酸酯处理和聚合处理等。

1. 防水处理

防水处理即提高木材对水的润湿、浸透的抵抗能力。向木材中添加一定量的憎水剂，如石蜡、干性油、蜂蜡、硅油或亚麻仁油等。这种处理方法操作简单，价格便宜。经各种憎水剂对木材的处理试验结果表明，在屋外放置一年后，只有含蜡成分的憎水剂耐久性最强，含亚麻油类（最好与石蜡混合）、清油及硅树脂的憎水剂效果日渐变劣。另外，有效的憎水剂，能吸收大气中的污染物而使透明度下降。硅油、石蜡等处理材的防水率可达到 75%～90%，抗胀（缩）率为 70%～85%。实践表明，混合憎水剂比单一的效果好，所含石蜡浓度越大防水率越高，憎水处理材暴露于室外含水率变化小、尺寸稳定性好。

2. 防湿处理

利用涂饰或贴面可延缓湿空气在木材中的扩散速度，减少木材对水蒸汽的吸着速率，由此减少膨胀和表面开裂的速率。贴面涂饰的效果取决于涂料的性质及它们所处的环境。我们熟知的在木材外表面上的涂饰涂料或多或少地均存在水分渗透，并且随着时间的增长其渗透作用增强。在相对湿度周期性变化或风化试验时间延长到一年以上时，这些涂料的憎水性实际已基本消失。常用的外表面覆面涂饰材料有油脂漆、天然树脂漆、酚醛树脂漆、醇酸树脂漆、硝基漆、氨基树脂漆、聚酯漆、丙烯酸漆、聚氨酯漆等。此外，还可以将憎水材料溶解在挥发性溶剂中制成黏度低、流动性好的溶液注入木材内部，当溶剂挥发后将憎水材料留存在木材的内表面上，这种处理方法，称为内表面覆面处理或内部涂饰法。该法常常应用于对构件的临时防湿处理和暂时保护。在处理时可将松香、漆片等天然树脂，蜡，干性油等溶解在烷烃溶剂中，然后注入木材，使之具有短期的防湿作用。如在溶剂中加入防腐剂，也可使木材具有一定的防腐效力。这种覆面（涂饰）处理方法只能降低水蒸汽和水在木材中的传导速率，推迟或延缓由水分的变化引起的膨胀或收缩，却不能改变木材的最终平衡含水率，其防湿和憎水作用的效力低而且是短期的。

3. 酚醛树脂处理

水溶性树脂能扩散进细胞壁，随后干燥，除去水分，然后在催化剂存在下加热，使树脂聚合。目前已有很多种不同类型的树脂成功的在细胞壁内聚合，如酚醛树脂、间苯二酚树脂、三聚氰胺甲醛树脂、脲醛树脂、苯酚糠醛树脂、糠醛苯胺树脂、糠醇树脂等。这些树脂中使用最成功的是酚醛树脂，它比间苯二酚树脂和三聚氰胺甲醛树脂价格便宜，抗缩率比脲醛树脂好，耐老化性能也好。用酚醛树脂处理木材时，随着木材中树脂含量增加其抗胀（缩）率增加迟缓。尺寸稳定性与羟甲基酚含量关系密切，树脂的聚合度越低，羟甲基酚含量越多，处理后木材的抗胀（缩）率越高。在低分子量树脂中含有较多的羟甲基酚，经高温固化可与木材中的羟基形成氢键结合或化学结合。此外，用低分子量树脂处理时，要比水对木材产生的膨润作用还大，具有明显的增容效果，这样更有利于提高抗胀（缩）率。由此可知，用低分子量的酚醛树脂处理使木材尺寸稳定化的原理在于使木材增容和形成氢键。高分子量树脂多沉积在细胞内，与内部涂饰类似，只有抑制尺寸变化速度的作用，而不能从根本上改善木材的尺寸稳定性。

4. 聚乙二醇处理

聚乙二醇（PEG）主要用来处理湿材，是将 PEG 浸泡或涂饰在木材表面，借助 PEG 可充胀木材纤维的效果，增加细胞壁体积，在高相对湿度下，细胞壁中的 PEG 变为水溶液，并保持膨胀状态。由于单位重量的 PEG 比单位重量的水对木材的增容效果大，所以在相对于木材纤维饱和点含水率 70%～80% 的 PEG 含量时，就能赋予处理材高的尺寸稳定性。PEG 处理材易吸湿且脱湿困难，处理材的聚合物量越多，干燥越困难，PEG 处理材在急速干燥时，木材产生的开裂也非常小，因此较适合对未干燥单板进行处理。PEG 处理材的压缩强度、静曲强度及耐磨性随着 PEG 含量的增加而增加。PEG 处理材最大的缺点就是聚乙二醇易于从木材中向外渗透，克服这一缺点的处理方法之一是改用石蜡代替聚乙二醇，将充胀在木材中的水用溶纤剂（即乙二醇-乙醚）置换出来。

5. 乙酰化处理

木材乙酰化有以下几种方法：

（1）吡啶预处理＋无水醋酸与吡啶等量混合液体的气相处理。

（2）尿素—硫酸铵混合溶液预处理＋干燥＋冰醋酸中气相处理。

（3）醋酸钾溶液预处理＋干燥＋二甲替甲酰胺与冰醋酸溶液蒸汽中气相处理。

（4）用二甲苯溶液稀释球醋酸，浓度达到 25%，用这种液体进行液相处理。这种方法适于处理尺寸较大的木材。

6. 异氰酸酯处理

异氰酸化是利用木材中的羟基与异氰酸酯反应，生成含氮的酯来达到木材胶合和尺寸稳定的目的。反应所用的催化剂是挥发性的有机胺，如二甲基甲酰胺（DMF）等可预膨润木材。尺寸稳定剂采用异氰酸苯酯（TDI）、二苯甲烷二异氰酸酯（MDI）、异氰酸甲酯（或丁酯）等。处理方法可用气相法或液相法。液相处理是将全干木材放在 DMF 中浸泡，然后放到 130℃ 的异氰酸酯中浸泡 2h。当 PL＞35% 时，聚合物能导致细胞壁结构破坏，新破裂的细胞壁暴露出的羟基与水结合，引起木材超膨胀而使尺寸丧失稳定。气相处理是用异氰酸苯酯为处理剂，以氯气为介质，在 20℃ 下处理。该方法所生成氨基甲酸酯主要在木材表层，且在反应初期很快就能与木材成分结合。MEE 和 ASE 随含氮量的增加而升高。

7. 聚合处理

将乙烯基单体注入木材中，然后采用高能射线辐照或借助于引发剂和热量的作用，使有机单体与木材组分发生共聚反应或以聚合物填充于木材细胞腔内，如此形成的一种新型材料。常用的单体是一类具有不饱和双键的乙烯基化合物，主要有：苯乙烯、甲基丙烯酸甲酯、丙烯腈、丙烯酸、氯乙烯、乙烯、丙烯、丙烯酸乙酯、乙酸乙烯、顺丁烯二酸酐等，使用时可选择其中的一种化合物作单体，也可用两种化合物配制成混合溶液作单体。引发剂是一类易于分解生成自由基的化合物，以引发自由基聚合反应。

1.3.6　标准及验收

1. 与木材尺寸稳定性相关的标准：

《木材含水率测定方法》（GB/T 1931—91）

《木材干缩性测定方法》（GB/T 1932—91）

《木材吸水性测定方法》（GB/T 1934.1—91）

《木材湿胀性测定方法》（GB/T 1934.2—91）

2. 验收

木材尺寸稳定性的主要评价指标是增重率、增容率、抗胀（缩）率和阻湿率。

试件处理前后按《木材含水率测定方法》（GB/T 1931—91）第4～5条的规定，进行烘干和称重。每个试件称重后，立即于各相对面的中心位置，分别测出弦向、径向和顺纹方向尺寸。然后将测量后的试件置于温度（20±2）℃、相对湿度65%的密闭容器中进行吸湿处理，吸湿15个昼夜后再测量重量和各向尺寸，可得素材的吸湿率和湿胀率。处理后的试件再按上述方法进行烘干、称重、测量各向尺寸、吸湿率，再称重、测量各向尺寸，得到处理材的吸湿率和湿胀率，之后可求出改性材的抗胀（缩）率和阻湿率。

1.4　木塑复合材料

1.4.1　材料的分类

木塑复合材料是以木材为主要原料，经过适当的处理使其与各种塑料通过不同的复合途径生成的高性能、高附加值的绿色环保复合材料。

从木塑复合材料的基体与功能体结合方式来考虑，木塑复合材料主要可分为两类：一类是以基体与功能体之间，或功能体在基体内部的化学合成反应为主要特征的木塑复合材料，如实木改性处理所形成的木塑复合材；另一类是以木质纤维材料为基体与高分子量塑料直接复合，其结合方式以两种材料表面（或界面）物理结合为主的木塑复合材料。

1. 实木改性木塑复合材料

以实木改性为目的的木塑复合材料研究开始于20世纪60年代。据美国原子能委员会的技术报告，当时是使各种塑料单体通过常压或真空浸注的方式进入木材细胞腔，然后用γ—射线引发聚合，使塑料单体在木材细胞腔内聚合形成高分子材料。化学引发聚合或热引发聚合也是木塑复合材形成的一个常用方法。塑料单体可以是甲基丙烯酸类、氯乙烯酸酯类、苯乙烯及丙烯腈等。实体木材经过上述复合手段形成木塑复合材后，物理力学性能如密度、耐水性、尺寸稳定性、表面硬度及抗弯强度等都有了较大幅度提高。但是此种木塑复合材由于存在着密度太高、比木材易燃等缺陷，在建筑材料等方面的应用受到限制。

2. 木质纤维材料与塑料复合材料

将木质纤维材料直接与塑料复合形成复合材料，是20世纪70年代以后逐步发展起来的新型复合技术。最初是将木粉作为一种填料加入到塑料中用于改善塑料制品性能，降低塑料制品价格。其中木质材料含量占50%的木塑复合材料已在汽车工业中得到广泛应用。进入20世纪80年代后，木塑复合材料的研究有了飞速的发展。在木质材料组元形态方面除木粉外，各种不同的组元形态如单板、大片刨花、细刨花、木纤维都已进入与塑料复合的范畴。纤维原料也不再局限于木材纤维，而扩大到了很多种天然植物纤维。在复合途径和技术方面，除了传统的塑料加工技术（如混炼、挤出、注塑）外，其他技术如无纺织、人造板加工等也都成为木塑复合材料复合的重要技术手段。

1.4.2 选用原则

1. 木材的选择

木塑复合板的木材原料可以是锯屑、木粉、木纤维。木粉是通过干燥和研磨锯屑而成，按照颗粒度大小分成不同等级，从 20 目（粗糙）到 400 目（超细），含水率低于 8%。木纤维可以利用回收的木浆纤维。

废旧木材同样可以作为木塑复合板的原材料。废旧木材主要包括工业木材废料、二次加工产生的木材废料、消费性木材废料。

在选择废旧木材作为生产原料的时候，废旧木材的清洁度非常重要，少量的胶、漆和贴面材料如果不超过 5%，一般属于可以接受的范围。

2. 塑料的选择

塑料的选择和处理取决于几个因素，当木材在高温状态下退化时，塑料仍然可以在 200℃处理和使用。木塑板中采用的聚合物主要是：聚乙烯、聚丙烯和聚苯乙烯。任何可以在木材的退化点（200℃）以下熔化和加工的塑料都适合用来做木塑复合板的生产原料。考虑到性能的进一步提高和成本控制等原因，也会采用可回收的树脂和原料。

3. 添加剂的应用

添加剂作为木塑板生产过程中的必要元素，对板材质量和应用有着不同的影响。这些添加剂包括：接合剂、稳定剂、色素、润滑剂、杀虫剂和发泡剂。

1.4.3 材料的应用现状与存在问题

1. 材料的应用现状

木塑复合材料的应用领域非常广泛，可以说凡是以木材或木质材料为主材料的应用领域都可用木塑复合材料来取代，例如木结构房屋建筑及各类建筑装修材料、家具、包装材料，文化体育用品等。同时由于通过不同的复合途径可赋予木塑复合材料某些特殊性能，因而使其具有更为广泛的应用，如汽车、交通、机械、异型包装材料等。

木塑复合材料有一定机械强度，并且防潮、防腐蚀、防霉性能与塑料相似。虽然实心木塑复合材料的密度较高（一般为 1.1～1.3g/cm。），由聚烯烃制造的发泡木塑复合材料型材，其密度可降至 0.6～0.8g/cm。而其拉伸强度和弯曲强度却可高于聚烯烃或 PVC 型材。发泡木塑复合材料型材表面光滑，清晰度高，木质感强。可按使用要求做成各种色泽，表面可制成木纹，也可以有各种装饰性图案，成为装饰材。正是上述特点使得木塑复合材料在建筑工程中的用途极广，例如复合门窗框、扶梯、软质百叶窗、地板等。若用多层挤出型材，内层可采用回收料，外层用新料，制成复合材的各项力学性能可与硬木产品相媲美。

用木塑复合材料做地板比目前中密度木质纤维板优越得多，不胀缩、防水、表面美观。最近国外已生产出抗静电木塑复合材料，作为电脑或其他防静电房的地板用材。在国内已有木塑复合材料地板问世，这种木塑复合材料地板不仅具有极佳的防水和防虫性能，高的弹性，而且不产生甲醛等，是典型的环保型产品。

增长较快的木塑复合材料产品是结构性能要求较少的建筑和园林景观用品，包括篱笆、地板、装饰板、栏杆和线条等，发展最为迅速的是用聚烯烃生产的室外用铺板，尤其是在欧美市场。几十年来北美铺板市场发展一直比较稳定，加压防腐处理的木材一直是最常用的材料，不过木塑复合材料现在已经占有15％的份额。虽然木塑复合材料比加压处理的木材价格贵一些，但它不需要太多维护，不易开裂，不起毛刺，有良好的环境亲和性。在发达国家，木塑复合材料用于游泳池、计算机房等特殊场所的防水、防静电地板已经开始投入使用。

窗户和门板是木塑复合材料的另一个重要应用领域。PVC是生产窗户构件最常用的热塑性塑料原料，也有使用PP和PE等其他塑料的。尽管木纤维填充的PVC材料比不填充的价格要高，但是木纤维填充的材料热稳定性好、强度高、耐水性也很好，在这方面已有很多项专利。

我国目前建筑用混凝土模板主要以钢模板和胶合板模板为主。胶合板模板表层覆有酚醛树脂浸渍纸，以提高耐水性且表面光洁，适合用作清水模板，但其生产成本越来越高。钢模板及竹材胶合板模板表面光洁度不高，不适合作清水模板。木塑复合刨花板由于其优良的物理力学性能，可以替代胶合板模板中的胶合板基材，制成建筑用混凝土模板。

2. 木塑复合材料存在的问题

(1) 界面问题：原材料（塑料、木粉种类）的选择及如何提高塑料与木粉之间界面结合力。因为对于两相复合界面往往成为应力集中区，因此提高复合材料力学性能的关键是提高界面的相容性。

(2) 耐老化问题：木塑复合材料在户外使用时，紫外线耐久性是最为关心的环节。木粉的加入，加速了材料制品的光降解，对木塑复合材料进行加速耐候实验后，制品出现褪色和性能变差现象，而性能变差现象归因于表面氧化、基体结晶性能变化，以及吸湿后制品界面降解等原因。因此，如何能够提高木塑复合材料的耐老化问题，是推动木塑行业在户外建筑领域快速发展的关键技术之一。

(3) 耐水性问题：木粉填充聚合物老化后大部分机械性能的损失是由湿度造成的，水的存在加速了氧化反应并使亲水性木细胞膨胀，木细胞膨胀使光线更易穿透；同时水冲走了表面的降解层和自然木质抽出物，使得水更容易侵袭；另外吸收水加速氧化木细胞膨胀使木粉和塑料间界面结合变差，导致强度下降。因此，如何提高木塑复合材料的耐水或耐湿性，增加木塑产品在户外潮湿或南方阴湿气候下使用寿命是国内外研究热点之一。

(4) 特殊功能化问题：特殊功能化包括阻燃性能、抗静电性能等。以PP、PE等为基体的木塑复合材料具有良好的成型加工性能，但木粉和聚烯烃类塑料均是易燃材料，因此有必要研究并改变木塑复合材料的燃烧特性，通过添加阻燃成分并同时考虑其对木塑的加工性、成型性、物理性质等影响，改进相关工艺，提高型材的阻燃和防火性能，扩大其应用领域。另外在一些工业领域或电子电器产品较多的地方，常常出现因环境静电积累而导致设备损坏的现象，因此针对木塑材料的特性，研究并改进相应的抗静电技术也是体现木塑复合型材功能化的关键技术之一。

1.4.4 最新研究成果

植物纤维表面的改性方法分为物理方法和化学方法。物理方法主要包括热处理法、碱处理法、电晕放电技术、蒸汽喷发处理等。此类方法主要改变纤维的结构和表面性能，但不改变纤维的化学组成。物理方法用于原料的前处理，效果不是很明显，用者不多。化学方法主要是通过化学反应减少纤维素分子羟基数目，在纤维素分子和高聚物分子之间形成物理和化学键交联，主要包括相容剂法或偶联剂法、表面接枝法等。化学改性方法改变了植物纤维表面的化学结构，有利于纤维在基体树脂中的均匀分散，提高了纤维与基体树脂间的粘结。王澜，胡乐满等将木纤维加入冰醋酸与浓硫酸混合溶液中先进行酯化反应，生成纤维素醋酸酯后，再与 PP 混合挤出。经冰醋酸处理的木塑复合材料的力学性能均比未处理的体系有明显提高。目前使用最多的是采用偶联剂或增容剂来改善两者界面相容性。增容剂分子内含有两种不同链段的物质：一端与热塑性高聚物极性相似，可与热塑性高聚物有较好的相容性；另一端主要存在于植物纤维区，通过氢键或偶极作用力等与植物纤维素分子化学键合。两端的结点处于两相界面附近，使木—塑相间的界面能减小，界面状况得到明显改善，界面粘合强度增大。

相容剂分为两类：一类分子量较高，是由各种活性化合物改性接枝的高分子链聚合物，如马来酸酐接枝高密度聚乙烯（MA-g-HDPE）、接枝聚丙烯链（MA-g-PP）等。高分子链与基体树脂分子交联缠绕，官能团与纤维素分子羟基发生酯化反应。因此一个好的相容剂必须具备：① 与纤维素羟基官能团反应性好；② 拥有一条非极性链，能与基体树脂分子很好地相容。

另一类是分子量较低的偶联剂，主要用来对植物纤维进行前期处理，与纤维素羟基反应，减少纤维素的羟值，降低植物纤维的极性。常用偶联剂有硅烷偶联剂、钛酸酯类偶联剂以及铝酸酯类偶联剂等。硅烷偶联剂具有 RS_iX_3 的结构，R 为与非极性有机物结合的乙烯基、甲基丙烯酰氧基、环氧基、胺基等；X 为与极性植物纤维相结合的甲氧基、乙氧基和氯等基团，它同植物纤维形成硅烷键，从而将纤维与塑料基体结合起来。Laurent M. Matuana 等采用氨基型硅烷偶联剂（A-1100）处理植物纤维表面，从电子得失、酸碱性界面机理研究 PVC/木纤维复合材料张力性能。形成的复合材料张力、断裂伸长率、冲击性能都有明显的提高。Magnus Bengtsson 等采用乙烯基、三甲氧基硅烷作为偶联剂，交联高密度聚乙烯与木粉。交联复合材料的强度、冲击性能和蠕变特性均优于未加硅烷偶联剂复合材料。

钛酸酯类偶联剂是一种使无机物同有机物以及在有机物间具有化学结合作用的有机钛化物。钛酸酯类偶联剂的亲有机部分通常为 C12～C18 长链烃基，它可与聚合物链发生缠绕，借分子间力结合在一起，因此特别适用于热塑性塑料长链的缠绕，可转移应力应变，提高冲击强度、伸长率、剪切强度，同时还可在保持其抗拉强度的情况下增加其填充量。廖兵等采用钛酸酯偶联剂（TC-POT，TC-PBT）和丙烯腈接枝改性白杨木纤维，发现它们均能大大改善木/塑界面相容性，但采用丙烯腈接枝改性比钛酸酯偶联剂改性更能提高复合材料的机械性能。这归结于木纤维的晶形结构易被接枝丙烯腈破坏，无定形态纤维增强了纤维与 LLDPE 之间的粘结性。

铝酸酯类偶联剂能在纤维表面形成有机质皮膜。它的热稳定性优于钛酸酯类偶联剂，并可在填料表面起化学作用，最终在界面发生粘合和交联作用。但铝酸酯类偶联剂成本较高，在生产中的应用较少。

采用高分子包覆方法也是提高界面相容性的一种方法，它将含有一定量水分的植物纤维粉，与引发剂和聚合促进剂的浸渍剂（即一些不饱和有机化合物）混合，引发聚合。这些浸渍剂可能与纤维素、半纤维或木质素发生接枝聚合，也可能彼此自聚，在植物纤维粉粒外形成一层高分子包覆层，包覆的植物纤维具有亲油性，与树脂亲和性较好，从而提高了它的相容性。

另外，采用长链聚二元酸酐来对木质纤维表面进行嵌段式接枝改性，改善木质纤维与聚烯烃的相容性。利用长链酸酐经木纤维表面羟基或酚羟基酯化而产生规律性断链，断链的外延长链烷基端极性与再生塑料的表面极性相近，能有效增强与再生塑料的结合强度，稳定复合材料的尺寸（5℃与25℃材料尺寸稳定性≤0.5%）。该方法能在木纤维表面形成连续的接枝产物，接枝表面过渡层致密、厚度适中且均匀，能显著降低木纤维的表面能，阻碍水汽渗透并吸附，提高木塑复合材料的复合效果。并引入有机硼酸化合物，促进木塑复合材料具有长期防蛀防霉的功能。

针对当前木塑复合材料普遍存在的难以兼顾抗紫外线、耐水性及阻燃性三项重要功能的技术难题，周箭等选用具有优异的抗紫外线老化、耐水和阻燃的聚偏氟乙烯（PVDF）作为复合材料基体树脂；筛选四种硅烷作为复合材料的界面改性剂，通过硅烷提高PVDF和木粉的界面相容性，成功开发了集抗紫外线、耐水及阻燃于一体的高性能PVDF基木塑复合型材。

1.4.5　木塑复合材料生产工艺

因木质纤维材料的组分形态、木材与塑料配比、产品用途和设备条件的不同，木材与塑料复合制造木塑复合材料的生产工艺主要有三类：塑料加工工艺（挤出、注塑、高温捏合）、人造板加工工艺（低温混合、平压或模压成板）和无纺织工艺（长短纤维混杂组坯，模压成型）。

1. 木塑复合材料的塑料加工工艺

该种实现木材与塑料复合的方法，是以塑料加工工艺及设备为基础，即通过挤出成型、注射成型或捏合机混炼造粒再加工成木塑复合材料。此种复合材料加工所用的木质材料主要为木粉，也可以用细的木纤维。为了保证加工过程良好的传质，木质纤维材料的比例一般不超过50%，木粉的比例可适当高些。目前，某些先进技术和设备，已经能够将木纤维（粉）的用量提高到60%以上。据称个别产品的木粉含量高达85%，但脆性较大。

在木塑复合材料的塑料加工工艺中，由于挤出工艺具有成本低、生产效率高、质量稳定、可生产型材等优点，近年来成为发展最快的木塑复合材料生产工艺，本书将重点介绍。注射成型可以获得形状复杂的产品，但要求木塑复合熔体的流动性好，对于木纤维（粉）添加量较大的木塑复合材料生产不适用。

2. 木塑复合材料的人造板加工工艺

人造板加工工艺适合于高比例木质材料含量的木塑复合材料制造。一般木质纤维材料含量在50%以上，甚至可达70%。该工艺的加工过程是首先将木质纤维材料在常温条件下与塑料混合组坯后，再热压形成复合材料。其特点是可加工各种不同木质纤维组元形态的木塑复合材料板材及异型产品。如木塑层积复合材料、木纤维—塑料复合板材、木刨花—塑料复合板材等。

木质材料形态可以是多种多样的，除单板、木纤维、木刨花外，纸浆、锯末、木粉甚至砂光粉等都可用来制成不同种类、不同性质的木塑复合材料。

所用塑料品种，较为常用的有聚乙烯（PE）、聚氯乙烯（PVC）、聚苯乙烯（PS）以及聚丙烯（PP）等。进入20世纪80年代以后，利用各种废塑料特别是城市废弃物中的塑料来加工木塑复合材料的研究明显增加，这也表明了木塑复合材料技术对于垃圾回收利用、减少环境污染方面的重要意义及应用前景。

3. 木塑复合材料的无纺织工艺

无纺织工艺是20世纪80年代中期发展起来的一种木塑复合技术。其采用的原料主要为木纤维或其他天然植物纤维（如麻纤维）与合成纤维复合。根据不同的用途要求，木纤维可以在复合前用热固性树脂或其他改性剂处理。该工艺的主要特征是将木纤维与合成纤维在一定比例下混合分散，然后将这种混杂纤维通过气流铺装成均匀的坯料，冷压织成具一定强度的卷材或片材，这种卷材（或片材）再经过模压制成各种异型制品。

此外，德国在最近几年又开发出类似中密度纤维板生产的双带式加工技术，可以将60%木含量的木塑复合粒料压成2m宽、8～10mm厚的薄板带，为木塑复合材料用于橱柜、家具、装修材料等提供了可能。

1.4.6 标准及验收

1. 标准

《木塑装饰板》（GB/T 24137—2009）

2. 验收

木塑复合材料在多数生产和研究过程中，主要检测抗弯强度和抗弯弹性模量。按照《人造板及饰面人造板理化性能试验方法》（GB/T 17657—1999）中的4.9规定进行，测定跨距为公称厚度的20倍，且最小为150mm，最大为1050mm。对于管孔平行于挤压方向的挤压板或类似结构的板，试件宽度至少为各管孔单元宽度的两倍，试件的横断面如图1-1所示：

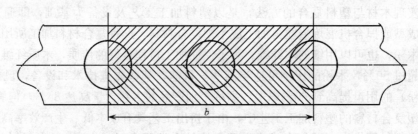

图1-1 管孔板的横断面

试验机横梁加载速率见式1-1：

$$R = 0.00185 \times L^2 / h \tag{1-1}$$

式中　R——横梁加载速率，单位为毫米每分（mm/min）；

　　　L——测试跨距，单位为毫米（mm）；

　　　h——试件公称厚度，单位为毫米（mm）。

抗弯强度采用试件破坏时的荷载值来计算，抗弯弹性模量根据抗弯试验应力—应变曲线，按最大应力的10%和40%所对应的应力—应变计算抗弯弹性模量。

测试六个试件，抗弯强度和抗弯弹性模量为六个试件的算术平均值，抗弯强度精确至0.1MPa，抗弯弹性模量精确至1MPa。找出试件中抗弯强度的最小值。

第二章　住宅墙体材料研究

墙体是建筑外围护结构的主体，墙体材料的保温性能直接决定建筑的热工指标，因此墙体节能是建筑节能的最有效手段。实心黏土砖墙的保温性能已不能满足中国目前规定的建筑节能标准。但在农房建设上还在大量应用，因而在节能形势日益严峻的条件下，进行新型墙体材料的开发，实现墙体材料的轻质、高强、保温、隔热、防火，易于施工，并向复合方向发展，提高农房墙体材料的综合性能极其重要。本章针对开发的农房适用墙体材料，从泡沫混凝土、再生混凝土砌块的分类、特点、最新研究成果、施工及验收等方面进行了介绍。

2.1　泡沫混凝土

2.1.1　泡沫混凝土的特点

泡沫混凝土是在水泥浆或水泥砂浆中引入适量的微小气泡，搅拌均匀后浇筑硬化而成的一种内部含有大量密闭气孔的多孔性混凝土。泡沫混凝土与普通混凝土在组成材料上最大的区别在于没有普通混凝土中所使用的粗骨料，同时含有大量气泡。泡沫混凝土的具体特性如下：

（1）重量轻：泡沫混凝土的密度小，常用泡沫混凝土的干密度等级为 $300\sim1200kg/m^3$。相当于黏土砖的 1/3～1/10，普通水泥混凝土的 1/5～1/10，也低于一般轻骨料混凝土。因而采用泡沫混凝土作墙体屋面材料可以大大减轻建筑物自重，大幅减少工程量，缩短工期。

（2）保温性能好：泡沫混凝土内部含有大量气泡和微孔，因而有良好的绝热性能。泡沫混凝土的保温性能比黏土砖和普通混凝土等建筑材料要好得多。我国北方地区用 20cm 厚的泡沫混凝土外墙，其保温效果与 49cm 的黏土砖墙相当，从而增加了建筑物的使用面积。

（3）隔声耐火性能好：泡沫混凝土良好的气孔结构，能减少噪声的影响，起到良好的隔声效果，泡沫混凝土可加工性比较好，从而特别适用于录音棚、播音室及影视制品厂房等对隔声要求较高的场合，能减少噪声的影响，起到良好的隔声效果。

（4）弹性模量低，抗震性能强：与传统建筑材料相比，泡沫混凝土作为墙体材料能大大的减少对建筑地基的荷载，地基荷载越小，在地震载荷作用下所承受的地震力越小，抗震力也就越强。泡沫混凝土用作填充材料时，与周围材料整体接触，其多孔、低强和低弹性模量的特性能够很好的吸收和分散地震所产生的冲击能量，因而减震效果显著。

2.1.2　原材料组成

泡沫混凝土通常是用机械方法将发泡剂水溶液制成泡沫，再将制备好的泡沫加入到硅钙质材料、菱镁材料或石膏材料的料浆中，经混合搅拌制成泡沫料浆，然后浇筑成型或现场浇筑，经自然养护、常压蒸养或高压蒸养水热处理所形成的一种微孔轻质材料。

泡沫混凝土的基本组成原料为水泥（菱镁、石膏）、石灰、水、泡沫，根据工程的各种特殊性能的需要，还需要掺加一些重骨料、轻骨料、高活性微骨料及外加剂。常用的重骨料和轻骨料为：卵石、河砂、聚苯乙烯泡沫颗粒、珍珠岩、锯末、人造空心微珠等，高活性微骨料一般选用粉煤灰和磨细矿渣粉。泡沫混凝土所用的外加剂主要有：高效减水剂、促凝剂、早强剂、浇筑稳定剂、防水剂、憎水剂、活性微骨料活化剂等。

用于制造泡沫混凝土的发泡剂主要有四种类型，即松香树脂类发泡剂，表面活性剂类发泡剂（主要是阴离子表面活性剂）、蛋白型发泡剂、复合型发泡剂。目前，普遍使用的是蛋白质类发泡剂，它的主要特点是发泡倍数大，泡沫稳定性好，可长时间不消泡，持续时间长，适用于低密度泡沫混凝土的生产。

2.1.3 材料的应用现状与存在的问题

泡沫混凝土在我国的应用主要有泡沫混凝土砌块、泡沫混凝土轻质墙板、泡沫混凝土补偿地基等。目前，泡沫混凝土最主要是在建筑节能方面的应用，还用于工业管道保温，报废地下矿井、地下沉陷等回填工程，补偿地基、抗冻地基、机场跑道的混凝土填层等，管道保温外壳，园林和装饰材料方面也有应用，可以说泡沫混凝土是一种功能多、用途广，并符合现代建筑特点和要求的环境友好型材料。

一些发达国家充分利用泡沫混凝土的良好特性，将它在建筑工程上的应用领域不断扩大，在轻质混凝土方面的应用比例已达90%左右。其主要应用有：用作公路护坡、路基、引桥、地基、河岸、港口的挡土墙、地下回填、修建运动场和田径跑道、用作夹芯构件、用作复合墙板、管线回填、屋面边坡、化工储罐底脚的浇筑等。

泡沫混凝土的制备包括三个工艺，即发泡工艺（包括发泡剂的选择）、搅拌混泡工艺和浇筑工艺。制备泡沫的质量好坏主要由发泡剂和发泡机械决定，搅拌混泡工艺是水泥浆体质量和混泡质量的关键因素，决定水泥浆体的细腻、均匀程度，影响浇筑的稳定性。

目前，广泛应用的发泡机主要有高速叶轮型、高压空气型和鼓风中低压型等三类，同一类机型的不同点，只是其附属设备与自动化控制方面的差异，发泡部分的结构大体是相同的。

泡沫混凝土制备方法的不同主要是搅拌与混泡工艺的不同，它是发泡与浇筑的中间环节，作用重大。目前泡沫混凝土的制备方法基本可以分为四道工序：胶凝材料浆体的制备、泡沫与胶凝材料浆体的混合、搅拌与混泡及浇筑。

目前，国内外生产泡沫混凝土方法大多采用的是先制备好泡沫，然后再与胶凝材料浆体拌合的方法，所不同的是发泡工艺不一样，国内的制泡技术主要是采用高速搅拌机制泡，依靠高速旋转叶片向发泡剂溶液中引入气体，这种发泡方式要求叶片高速旋转，一般转速在700~1400r/min之间，叶轮端部的圆周速度应大于20m/s，这样才能获得较满意的发泡效果。这种发泡方法制备泡沫混凝土的特点是必须先制备出泡沫，然后才能使用，存在将泡沫倒出和泡沫过剩等中间环节，泡沫时间过长会破裂（具体与发泡剂的性能有关）造成浪费。而国外大多采用压缩空气法制泡，这种制泡方法不单是把气体压向液体中，同时把液体压向气体中，双相同时施压，气液两相混合的速度快、发泡的效率较高，且通过发泡筒得到的泡沫泡径很均匀，质量较高，另外压缩空气发泡设备可以将泡沫直接吹入搅拌好的水泥浆中，不存在将泡沫取出的中间环节，也就减少了泡沫的破灭。此外，该方法是泡沫制备和搅拌同时进行，需要多少泡沫混凝土就制备多少泡沫和胶凝材料浆料，不会存在浆料过剩和泡沫浪费的问题，操作简单方便且节约了材料成本。

泡沫混凝土作为黏土实心砖的替代产品之一，一方面泡沫混凝土能够大量使用粉煤灰、煤渣、煤矸石、钢渣、矿渣、秸秆粉、废纤维等工业废料做填充材料，减少了工业废渣引起的环境污染和土地占用，提高了资源利用率；另一方面，这些废渣的利用，减少了水泥的用量，降低了混凝土的制造成本，也减少了由于生产水泥造成的环境污染及能源、资源的消耗，况且，这些掺合料可以在某些方面弥补泡沫混凝土的性能缺陷，满足工程的设计及使用要求。

尽管目前国内外对矿物掺合料的研究已取得了相当的成果，但仍存在相当多的问题，粉煤灰、煤矸石、钢渣等工业废渣作为水泥混凝土的掺合料利用效率不高的原因主要有两个：一是由于这些矿物掺合料本身活性低、组成波动大；二是缺乏更深入的理论研究及理论创新，高效率、大掺量的利用技术尚未成熟。

2.1.4 最新研究成果

我国对泡沫混凝土的研究和应用已有 40 余年的历史，通过这几十年的发展，发泡剂的研究和泡沫混凝土生产制备工艺已经取得了非常大的进步，可以通过选用优质高效的发泡剂、先进的制泡工艺和搅拌工艺、合理选用原材料来制备性能良好的泡沫混凝土。

为了利用工业废渣改善泡沫混凝土的性能，很多学者研究了粉煤灰、矿渣、硅灰等对泡沫混凝土性能的影响。E. P. Kearsley 等人提出，当掺入粉煤灰、矿渣等活性微骨料时，考虑到这些物料都有吸水性，应该采用水胶比来计算，并研究了粉煤灰取代水泥 50%、67% 和 75% 质量分数时 28d 和 1 年的强度值变化，结果表明，泡沫混凝土的的强度主要决定于干密度，掺合料的类型和掺量对强度的影响不大。虽然粉煤灰取代水泥使得泡沫混凝土的早期抗压强度显著降低，但后期强度的增长很快，最终的强度甚至比同等级干密度的未掺粉煤灰的泡沫混凝土要高，并建立了龄期、干密度、粉煤灰取代量、孔隙率为变量的强度变化公式，对于高掺量的粉煤灰泡沫混凝土，孔隙率和龄期对抗压强度影响很大，对于不同的干密度等级，粉煤灰取代水泥的最优比例也不一样，并建立了推导公式来预测强度的发展变化。

潘志华等通过试验，密度等级相差不大时，在泡沫混凝土中掺入粉煤灰、矿渣和少量硅灰等活性骨料，能够提高泡沫混凝土的抗压强度。同时研究发现，泡沫混凝土导热系数主要受干密度影响，受配合比的影响比较小，泡沫混凝土的导热系数随干密度减小而减小，且基本上服从指数变化规律。泡沫混凝土的抗压强度受其密度、配合比、成型水灰比和新拌泡沫混凝土流动性等因素的影响。王永兹选用掺泡沫稳定剂的合成泡沫剂，利用叶片型发泡机制备泡沫，充分利用粉煤灰和废石膏，掺加复合外加剂提高粉煤灰泡沫混凝土早期强度，泡沫混凝土浇筑成型后，采取蒸压养护，制备出容重小（密度为 $500 \sim 1200 \text{kg/m}^3$）、保温性能好（导热系数为 $0.11 \sim 0.45 \text{W/m} \cdot \text{K}$）、具有适宜的强度（抗压强度为 $3 \sim 24 \text{MPa}$）和可加工性好的泡沫混凝土砌块，可用于围护结构或保温结构。

王少武利用硅酸盐水泥和矿渣、粉煤灰及硅灰等混合材，采用预制气泡后混合的方法制备密度为 $430 \sim 1500 \text{kg/m}^3$，抗压强度为 $1.1 \sim 23.7 \text{MPa}$，导热系数为 $0.16 \sim 0.75 \text{W/m} \cdot \text{K}$ 的高性能的水泥基泡沫混凝土。研究了矿渣微粉对水泥—砂浆泡沫混凝土抗压强度的影响，研究认为矿渣微粉的掺入在一定程度上能提高泡沫混凝土的抗压强度，抗压强度在早强剂的作用下增加的更明显，但矿渣的掺量也有一定的合理范围，矿渣含有惰性组分，过多的掺入矿渣会导致强度的明显降低。另外，还研究了 $CaCl_2$，Na_2SO_4 与三乙醇胺三种早强剂单掺或复掺对泡沫混凝土抗压强度的影响，结果表明，这三种早强剂的掺入，能明显促进泡沫混凝土的早期抗压强度，与泡沫混凝土的适宜性良好，其早强激发效果次序为：三乙醇胺＋Na_2SO_4＞三乙醇胺＋$CaCl_2$＞三乙醇胺＞Na_2SO_4＞$CaCl_2$，且采用 0.1％的三乙醇胺和 2.5％的 Na_2SO_4 复掺时，对泡沫混凝土的早期抗压强度激发效果最好。

由于泡沫混凝土的生产技术发展比较缓慢，将粉煤灰用于泡沫混凝土的生产，在我国是近年发展起来的技术。泡沫混凝土的使用方式与普通混凝土相同，主要有两种：一种是在施工现场制备泡沫混凝土并就地浇筑，或是利用搅拌站集中生产，通过商品混凝土灌车运输到工地使用；另一种是在工厂利用模具将泡沫混凝土按需要预制成各种建筑构件和制品，然后再用于建筑施工。伴随电力工业发展，粉煤灰废渣也与日俱增，为防止环境污染，在合理利用与开发资源的前提下，利用粉煤灰生产建筑材料逐渐成为一种趋势，在泡沫混凝土中应用粉煤灰可以达到降低混凝土成本、提高浆体的流动性，而且有利于环保和废物利用。

根据很多学者以往的研究，随着粉煤灰掺量在 30％以下时，同密度等级的粉煤灰泡沫混凝土的抗压强度变化不大，粉煤灰等量取代水泥的掺量超过 30％时，随粉煤灰掺量的增加，泡沫混凝土抗压强度显著降低，这是由于粉煤灰掺量增加，使得水泥用量减少，导致泡沫混凝土抗压强度下降，但粉煤灰具有潜在的活性，随着龄期增长，水泥水化反应的进行，粉煤灰的火山灰活性得到充分的发挥，高掺量粉煤灰泡沫混凝土的抗压强度会明显增加。泡沫混凝土的抗压强度主要受干密度的影响，养护条件较好的情况下，用大掺量粉煤灰代替水泥，不会影响泡沫混凝土的长期抗压强度，为了充分利用粉煤灰，降低生产成本，在满足性能的要求下，可多掺粉煤灰。

2.1.5 泡沫混凝土的制备

1. 原材料的配制和搅拌

按照试验配合比，称量所需的干物料，倒入砂浆搅拌机中，先慢速搅拌，干粉物料混合均匀后，再慢慢倒入按试验配合比称量好的水，继续搅拌至浆体混合充分均匀，一般浆体搅拌制备时间为 3min。

2. 混泡与成型

将制备好的泡沫严格按照试验配合比，用勺子逐渐加入到搅拌均匀的混合浆体中，然后继续慢速搅拌 3~5min 至浆体与泡沫混合均匀，最后将泡沫混凝土料浆倒入预先涂好脱模剂的钢模具中，需要注意的是在整个操作过程中泡沫混凝土不能剧烈振动以免气泡破裂，由于加入泡沫后的流动性较好，一般通过自流平就可基本充满模具，用抹刀插捣并在模具的外壁轻轻振捣，待泡沫混凝土充满模具密实后，用抹刀刮平表面并用保鲜膜覆盖，防止表面过度的失水，减少收缩塌模现象。

3. 养护

浇筑入模的泡沫混凝土，由于早期强度比较低，浇筑后要注意保护，禁止踩踏，更不允许将石块、木块或其他物品压在上面。拆模时也需细致，一般在 48~72h 拆模，编号后，放入标准喷雾养护室中进行养护。

泡沫混凝土的制备流程如图 2-1 所示。

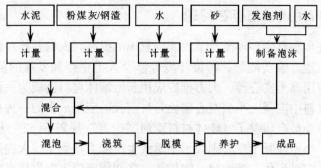

图 2-1　泡沫混凝土的制备流程

2.1.6　标准及验收

1. 干密度和吸水率的测定

泡沫混凝土的干密度和吸水率的测定参照《泡沫混凝土砌块》（JC/T 1062—2007）和《蒸压加气混凝土性能试验方法》（GB/T 11969—2008）。

2. 抗压强度的测定

参照《蒸压加气混凝土性能试验方法》（GB/T 11969—2008）。

3. 导热系数的测定

参照《绝热材料稳态热阻及有关特性的测定—防护热板法》（GB 10294—88）来测定导热系数。

4. 干燥收缩试验

泡沫混凝土的干燥收缩按《蒸压加气混凝土性能试验方法》（GB/T 11969—2008）中的快速试验进行。

5. 抗碳化试验

泡沫混凝土的碳化试验参照《蒸压加气混凝土性能试验方法》（GB/T 11969—2008）中的碳化试验规定进行。

6. 抗冻试验

泡沫混凝土的抗冻试验参照《蒸压加气混凝土性能试验方法》（GB/T 11969—2008）中的抗冻试验规定进行

2.2　再生混凝土空心砌块

2.2.1　材料的分类

与普通混凝土空心砌块一样，再生混凝土空心砌块包括承重和非承重两种类型。

2.2.2　选用原则

再生混凝土空心砌块是适用于村镇房屋建筑的墙体材料，可以替代现在普遍使用的普通混凝土空心砌块，各种性能指标均满足《普通混凝土空心砌块》标准，同时具有节约原材料、利废、环保、经济等多种优势。

2.2.3 材料的应用现状与存在问题

随着技术的进步和对生存环境及节约能源意识的提高，人们开始对使用了几千年的黏土实心砖在破坏土地、浪费能源、污染环境等涉及人类生存和发展的问题上有了新的认识，限制和禁止使用黏土实心砖、大力推广应用新型墙体材料已成为一种历史的必然。在众多的新型墙体材料中混凝土小型空心砌块是目前我国应用最多的一种材料。

国家经济贸易委员会印发了《墙体材料革命"十五"规划》，进一步推动了墙体材料革新与建筑节能，小型混凝土空心砌块平均单线生产能力得到了很大提高，在解决好渗漏保温问题的同时，向系列化、装饰化、多排孔、多利用废渣方向发展，它将是替代黏土砖的主导墙体材料。

随着砌块产品市场结构的调整，砌块生产企业已由单一生产混凝土承重空心砌块，向生产铺地砌块、路沿石、河道砌块多品种发展。当然，应该看到，农村、山区用承重砌块较多，而城市、特别是大城市使用非承重砌块较多。承重砌块建筑在城市还不成气候，推广应用仍较艰难，发展不尽如人意，任重道远。砌块企业生产规模小的现状仍未得到根本改变，产品质量低下，也影响砌块发展。

结合我国实际情况，为倡导节能减排，实现住宅产业现代化、城市现代化及加快城镇化建设，在"十一五"期间，我国提出了墙体材料革新与建筑节能。混凝土空心砌块作为最有发展前途的新型墙体材料之一，具有节地、节能、利废、原材料丰富，可充分利用地方资源，能减轻结构自重，省工、省料、施工速度快，增加建筑物使用面积，非常适合在我国城镇及乡村推广使用。因此如何将村镇建筑垃圾再利用，与混凝土材料相结合制备混凝土砌块直接影响着我国城镇建设的可持续发展。

目前对于村镇建筑垃圾中的大量废弃黏土砖的研究较少，这是由于村镇建筑垃圾和城市建筑垃圾有所不同，其主要成分废弃黏土砖强度低、力学性能差，吸水率大等缺点，一般很难直接应用，不能简单的将对城市垃圾的研究方法应用在村镇建筑垃圾上。

就目前世界各国对村镇建筑垃圾处理的研究现状来看，主要存在着以下几个问题：

1. 当今各国利用村镇废弃黏土砖制备混凝土空心砌块的试验研究较少，并且对制备成的混凝土空心砌块的主要性能的研究尚属空白。

2. 废弃黏土砖有强度低、力学性能差，吸水率大等缺点，一般很难直接应用，目前尚没有一套有效的预处理方式可以同时改善其物理及力学性能。

3. 村镇废弃黏土砖与城市废弃混凝土的成分不同，物理性能也有差异，所以在对废弃黏土砖的预处理工艺上不能完全沿用对废弃混凝土的预处理工艺流程。

4. 各国对城市建筑垃圾的再生利用研究起步较早，目前已有了一套较为完善的制备工艺，而对村镇建筑垃圾中的废弃黏土砖的研究缺少完善的技术规程及标准。

2.2.4 最新研究成果

利用村镇建筑垃圾中的主要成分废弃黏土砖作为再生骨料，通过无机预处理方式进行预处理后，将再生粗骨料以 10%～80%不同的取代率替代天然骨料加入到混凝土空心砌块中，制备出满足国家标准的强度等级在 MU5.0 以上的再生混凝土空心砌块，砌块各部位名称见图 2-2。

利用及发展利用村镇废弃黏土砖生产的再生混凝土空心砌块，具有良好的经济、环境及社会效益，主要体现在以下几个方面：

1. 节省了大量村镇废弃黏土砖的清运费用和处理费用，避免了由其引发的对环境的负面影响等问题。

2. 经破碎、筛分，预处理后的部分废弃黏土砖可用于部分代替天然骨料，减少了混凝土工业对天然砂石的开采，切实解决了天然骨料日益匮乏和大量砂石开采对生态环境的破坏，保护了生态环境。

3. 具有良好的环保效益和社会效益。如果政府能从政策和财力上支持和资助废弃黏土砖制备混凝土砌块的生产和应用，提高废弃黏土砖再生骨料的品质和再利用率，除了具有很好的环保效益外，还将具有很好的经济价值。

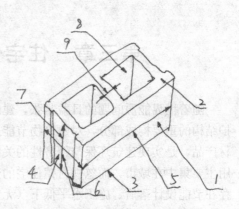

图 2-2　砌块各部位的名称

1—条面；2—坐浆面（肋厚较小的面）；
3—铺浆面（肋厚较大的面）；4—顶面；
5—长度；6—宽度；7—高度；8—壁；9—肋

4. 可以很好地解决建筑业与环境的协调发展问题，废弃黏土砖再生骨料完全满足世界环境组织提出的"绿色"的三大含义。

2.2.5　施工方法

再生混凝土空心砌块与普通空心砌块的砌体施工工艺基本一致，参照《混凝土小型空心砌块建筑技术规程》（JGJ/T 14—2004），仅在再生骨料的预处理上具有特殊的工艺流程，见图 2-3。

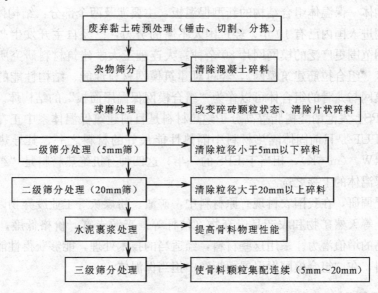

图 2-3　废弃黏土砖预处理流程

2.2.6　标准及验收

再生混凝土空心砌块的检测标准参照《混凝土小型空心砌块试验方法》（GB/T 4111—1997），验收要求参照《普通混凝土小型空心砌块》（GB 8239—1997）。

第三章　住宅保温屋面系统与材料

随着世界能源问题的日益紧张，建筑节能的要求越来越明确。屋面和墙体作为建筑围护结构的重要构成部分，对建筑物节能达标起着关键的保障作用，开发适应中国国情的建材产品，是实现建筑环保与经济性的关键。长期以来，我国建筑节能技术和产品的开发应用主要集中在城市，而忽视村镇住宅的建筑节能。许多调研结果表明：目前村镇住宅普遍存在节能设计落后、施工水平低下（无专业的施工队伍）和建筑材料档次低（多数为城市已淘汰产品）等问题，导致单位建筑能耗偏高、住宅热环境较差。随着农村住宅建设数量逐年增加，建筑能耗也将随之大幅度攀升，这将严重制约我国国民经济的可持续发展。因此，加大广大村镇住宅的建筑节能，对于优化我国能源结构，促进资源综合利用，提高村镇居民的生活质量，保护和改善生态环境，都具有十分重要的意义。本章针对农房的保温屋面系统，介绍新型组合结构保温板和新型夹芯保温屋面板的分类、选用原则、最新研究成果、施工及验收等。

3.1　新型组合结构保温板

3.1.1　材料的分类

具有结构体—保温体组合结构的新型保温板，主要涉及两个部分：结构体与保温体。

建筑模网进入国内已有 10 年，经过国人不懈的努力，已经自主开发生产出形式更为多样化、应用范围更广泛的模网网片 80 余种。大连理工大学建筑材料研究所拥有自主产权的专利技术《组合拉筋建筑模网》，经过对建筑模网材料性能、结构性能的充分研究和论证，建筑模网与龙骨的组合体可以作为"组合模网保温屋面板"的结构体。

EPS、XPS、发泡酚醛树脂等高分子绝热材料是目前建筑保温体系中正在普及的节能保温材料，SPUF 是目前固体隔热材料中隔热性能最好的材料之一，其导热系数低，仅 $0.018\sim0.024W/（m\cdot K）$，相当于 EPS 的一半，这四种有机绝热材料是"组合模网保温屋面板"中保温体的上乘之选。

经过广泛调研，在我国农村现有原材料中，矿渣、粉煤灰等工业废弃物以及浮石、伟晶石、高岭土等天然矿物和农产品废弃物（秸秆等）来源丰富，价格低廉，如果加以利用，具有较高的增值潜力。采用这些材料，经适当的技术处理，能够获得性能好的泡沫混凝土保温材料，在"组合模网保温屋面板"中担当保温体。

3.1.2　选用原则

材料的选择遵循三个原则：

1. 满足节能要求。
2. 成本低，适用于村镇住宅。
3. 生态、环保、无污染。

3.1.3　材料的应用现状与存在问题

1. 建筑模网的发展与应用

建筑模网（Building Formword）技术最初由法国结构和建筑材料专家杜朗夫妇于1983年共同发明，用其名字命名为 DIPY 建筑模网，并获得国际发明专利；目前已经在法国、澳大利亚、瑞士、比利时、德国、美国和中国等国家的各种工程中得到了相当广泛的应用。我国于1998年3月引进此技术，目前在北京、沈阳、盘锦和大连等地利用该技术已建成近百万平方米的建筑。建筑模网混凝土结构技术得到了国家产业政策的强力支持和扶助。

近年来，随着我国经济建设的飞速发展，建设规模不断扩大，推动了建筑施工工业化的进一步提高，商品混凝土，泵送混凝土以及各种模网体系都有了较快的发展。尤其是近几年来，随着改革开放和市场经济的较快发展，建筑行业中采用了国内外很多新型模板技术成果。这不仅加快了施工速度，而且提高了生产效率。模网工程占混凝土造价的20%，劳动量占30%，工期约占60%。"九五"期间，模板费用达500亿元以上，成为制约我国建筑业发展的一项浩大的工程，因此为了满足国家提出的建筑节能达到50%的要求，必须从材料、设计、施工乃至建筑体系上进行创新突破。

建筑模网技术属于国际专利，1996年3月其正式通过法国建筑权威机构——国家建筑科技研究院（CSWB）的鉴定，并且保险公司也正式接受建筑模网在建筑工程上的合法应用。DIPY 建筑模网目前已实现原材料、技术专用成套设备全部国产化。自引进中国以来，目前已自主研究开发了十余项产品、技术及专用成套设备的发明和实用新型专利；二代建筑模网由钢板网、直筋、竖向加劲肋及连接拉簧组成的空间三维体系，内浇不振捣、自密实混凝土，在模网构件一侧面增添一层保温材料，即可成为工厂化生产一次成型的外墙外保温模网构件。

建筑模网适合工厂化生产，现场组装，免拆模、免振捣，简化了施工工艺，利于文明施工；建筑模网技术可广泛用于工业及民用建筑、水工建筑物、市政工程等。建筑模网技术还可以应用在基础、挡土墙及异型构件中（图 3-1）。

通过多年对建筑模网的研究，王立久教授提出建筑模网与模网建筑的概念。建筑模网概念是一种免拆除的永久性模板，只局限于建筑模板的范畴内；而模网建筑的概念是利用模网造型，建造出各种形状的建筑物、构筑物及异型构件（图 3-2），从而扩大了模网的使用范畴；基于模网建筑的思想是可以将建筑模网技术运用到预制构件及板材中去。

2. 模网混凝土工作原理

建筑模网技术最初是一种永久性免拆除的建筑模板，由两片钢丝网形成空间网架结构，内部充填混凝土后制成的一种新型墙体材料，建筑模网混凝土技术（图 3-3）克服了普通混凝土的缺陷，大连理工大学建筑材料研究所的王立久教授通过研究，提出了建筑模网的增强机理（渗滤效应、消除容器效应、环箍效应、限裂效应），它是建筑模网技术的理论基础。随着建筑模网墙体技术的发展，大连理工大学建筑材料研究所又把建筑模网技术用于屋面结构体系上，解决了屋面结构中墙体和屋面板间存在热桥的问题，改善了屋面结构体系的节能、保温和防水性能。

普通混凝土浇筑时为达到一定的工作性，要实现泵送，必须使新拌混凝土保持一定的

(a) 独立基础　　　　　　　　　　　　　　　(b) 条形基础

(c) 剪力墙　　　　　　　　　　　　　　　　(d) 挡土墙

(e) 轻钢结构　　　　　　　　　　　　　　　(f) 异型柱

图 3-1　建筑模网技术的应用

坍落度，必然要有适合的水灰比，为此掺进一定数量水分，甚至过量水分。由于过量的水而在硬化后混凝土内部或表面形成气泡，甚至蜂窝麻面和狗洞。普通混凝土是在钢（木）模板内（相当于容器）浇筑，塑性状态混凝土对模板产生巨大压力，给混凝土施工中支模、拆模带来麻烦，浪费人力物力。这种容器效应，使得所拌混凝土内含水分和空气，造成混凝土的不均匀性，影响混凝土的自密实。普通混凝土在水化硬化过程中产生大量水化热，如是大体积混凝土易引起温度裂缝，其水化生成物前后体积变化使混凝土产生化学收缩，以及施工中温度、湿度或风力作用致使混凝土形成表面裂缝、甚至通缝或结构裂缝，

图 3-2 模网异型构件

 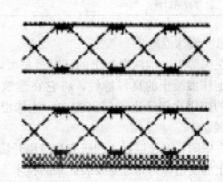

图 3-3 建筑模网混凝土墙体技术

影响混凝土的力学性能和耐久性。

建筑模网混凝土克服了普通混凝土的缺陷，大连理工大学王立久教授通过研究，提出建筑模网混凝土增强机理这一概念，它是建筑模网的理论基础。

（1）渗滤效应：蛇皮网孔的渗滤作用，可使浇筑目的的多余水分迅速通过蛇皮网孔排掉，人为地使混凝土在浇筑过程把水灰比自然减少。根据保罗米公式 $f_{cu}/(f_c \cdot A) = (C/W) + B$，这种低水灰比必然显著提高混凝土的强度。

（2）消除容器效应：建筑模网的空间网架结构属开式结构，在混凝土浇筑过程中随着渗滤作用逐渐通过蛇皮网孔排除混凝土拌合物所含的空气，提高混凝土均匀性，达到混凝土自密实。

（3）环箍效应：由于建筑模网的空间网架结构构成环箍效应，有效地限制了内部混凝土的横向变形，从而使混凝土处于三向受压状态，提高了混凝土抗压强度、抗剪强度、延性。

（4）限裂效应：由于建筑模网是典型的空间网架结构，对新拌混凝土有渗滤效应、消除容器效应，能够排除混凝土内部多余的水分和空气，增强其密实性，降低混凝土的干缩值；钢板网对其内部的混凝土有强有力的束缚作用，因此建筑模网能有效抵抗各种裂缝的产生，同时网外挂浆又可显著提高抹面砂浆的牢固度。

3. 保温体的发展与应用

新型组合结构保温板的保温体采用新型泡沫混凝土、高性能浮石混凝土、聚氨酯/酚醛树脂发泡保温体及秸秆发泡保温体四种保温材料；大连理工大学建筑材料研究所对每种保温体都进行了进一步的研究，力求寻找出经济、适用及节能效果好的保温体材料。下面对四种保温体的发展与应用简要介绍（表3-1）。

保温体的性能指标

表 3-1

项　　目	密度 kg/m³	导热系数 W/（m·K）	抗压强度 MPa
新型泡沫混凝土	400~1200	0.15~0.214	0.8~8.0
高性能浮石混凝土	—	—	—
聚氨酯保温体	≥35	≤0.022	≥0.15
秸秆发泡混凝土	—	—	—

（1）泡沫混凝土

在国际上，泡沫混凝土的研究最早可以追溯到20世纪30年代。一些发达国家充分利用泡沫混凝土的良好特性，将它在建筑工程中的应用领域不断扩大，在轻质混凝土方面的应用比例已达到90%左右，泡沫混凝土的应用，不论国内还是国外，都在不断地扩展。

在中国，泡沫混凝土的研究和应用开始于20世纪80年代以后。而将粉煤灰用于泡沫混凝土的制造，则是近年发展起来的技术。泡沫混凝土的制备包括两项技术：即成型技术和发泡技术（包括发泡剂），前者有赖于与特定的发泡剂相匹配的成型或浇筑方法，后者则有赖于高效的发泡剂和发泡机械。近年来，由于新型高性能发泡剂的问世，新的混凝土制备技术相继诞生。

泡沫混凝土通常是用机械方法将泡沫剂水溶液制备成泡沫，再将泡沫加入到含硅质材料、钙质材料、水及各种外加剂等组成的料浆中，经混合搅拌、浇筑成型、养护而成的一种多孔材料；由于泡沫混凝土中含有大量封闭的孔隙，使其具有良好的力学性能。

（2）浮石混凝土

轻骨料混凝土是一种质轻、高强、多功能的新型建筑材料，轻骨料混凝土与普通混凝土相比具有容重小、导热系数较低、耐火性能好的优点。因此，采用轻骨料混凝土对减轻结构自重，提高结构抗震性能有着积极的意义。近年来，在我国房屋建筑维护结构中得到广泛应用。虽在承重结构中也有少量应用，但对轻骨料混凝土结构的计算问题，在文献中阐述不多。其原因主要是轻骨料混凝土的多样性，每一种轻骨料混凝土都具有自己的特殊性能，这些性能在构件和结构计算中都应适当予以考虑。

浮石混凝土是以浮石作为骨料的天然轻骨料混凝土。由于浮石混凝土具有质轻、高强、保温、隔声等优点，且价格比人造轻骨料较低，因此是比较理想的墙体材料和屋面材料；浮石在国外的主要用途是用作轻骨料，其用量占总用量的85%，浮石混凝土在建筑中的应用主要是生产砌块，其次是屋面隔热层和预制板材。

（3）聚氨酯发泡保温体

聚氨酯泡沫塑料是目前国际上性能最好的保温材料。主链含—NHCOO—重复结构单元的一类聚合物，英文缩写PU。聚氨酯泡沫塑料是聚氨酯合成材料中最大品种，其总产量约占聚氨酯材料的60%。自进入21世纪以来，聚氨酯的全球年产量已突破1000万t，且每年仍以6%～9%的速度增长。我国聚氨酯产量近几年均以10%的速度增长。聚氨酯泡沫塑料被广泛用作夹层结构的芯材，是由于聚氨酯泡沫塑料容重小（密度小）、强度高、热导率低、耐油、耐低温、防震、隔声性能好，而且粘接性能好并能现场发泡，便于填充复杂形状构件。

聚氨酯泡沫塑料从不同用途和软硬程度可分为软质泡沫塑料、硬质泡沫塑料、半硬质泡沫塑料等。在建筑上应用最广泛的主要是硬质聚氨酯泡沫塑料，包括硬质聚氨酯泡沫（PUR）和聚异氰脲酸酯泡沫（PIR）。在过去的几十年中用于建筑上的硬质聚氨酯泡沫量在全世界快速稳步增长，依据IAL报告提供的数据，2001年全球聚氨酯消耗量为987.6万t，其中硬质聚氨酯泡沫塑料为227.1万t占23%，用于建筑行业168万t，约占74%。2002年全世界共生产聚氨酯产品1016.4万t，有18%被用于建筑工业。预计到2010年全世界约24%的聚氨酯将被用于建筑工业，硬质聚氨酯泡沫塑料的应用量仅次于软质聚氨酯泡沫塑料量成为聚氨酯市场的一个重要的组成部分。据有关资料报道，今后4～5年内全球硬质聚氨酯泡沫塑料在非制冷行业上应用估计每年增长5%～7%。

我国2002年各类聚氨酯制品产量总计为135万t左右，硬质聚氨酯泡沫塑料消耗量大约为26万t（按IAL报告估计30万t）；用于建筑和工程保温估计占30%，也就是不超过10万t。硬质聚氨酯泡沫塑料占整个中国聚氨酯产品市场的7%，而国外发达国家如美国，硬质聚氨酯泡沫塑料在建筑工业上的应用占55%，制冷设备占17.6%，工业绝热设备占9.6%，包装和运输业分别占7.6%和5.2%。因此国内建筑领域市场还有待进一步开发。

在建筑设计时必须考虑绝热保温、提高能源效率和降低能耗等问题，硬质聚氨酯泡沫塑料不仅具有强度大、隔热、隔声、隔潮、耐腐蚀和防渗漏等性能，同时还具有良好的粘接性和加工性能，可现场施工又可预制成构件组装，满足建筑物轻量化、降低造价、节能等要求，因此硬质聚氨酯泡沫塑料可作为墙体屋面和地板等结构的建筑材料，广泛应用于工业及民用建筑、商业建筑和冷库等。

（4）酚醛树脂

酚醛树脂也叫电木，又称电木粉，英文简称PF。酚醛树脂一般是由酚类化合物和醛类化合物缩聚而形成的树脂，其中以苯酚与甲醛缩聚而得的酚醛树脂最为重要。酚醛树脂作为三大热固性树脂之一，具有良好的耐酸性能、力学性能及耐热性能，广泛应用于防腐蚀工程、胶粘剂、阻燃材料、砂轮片制造等行业。

酚醛树脂为热固性树脂，与其他热固性树脂相比，其优点有：① 固化时不需要加入催化剂、促进剂，只需加热、加压，调整酚与醛的摩尔比与介质pH值，就可得到具有不同性能的产物。② 固化后密度小，机械强度、热强度高，变形倾向小，耐化学腐蚀及耐湿性高，是高绝缘材料。

其缺点是脆性大，颜色深，加工成型压力高。它与其他配料制成的产品叫酚醛塑料，高绝缘，俗称电木，广泛应用于电气工业、化学工业，还可用做涂料、粘合剂、清漆。酚醛树脂缩合过程为线型酚醛树脂（参看苯酚的化学性质），体型酚醛树脂结构示意图如图3-4所示。

热固性酚醛树脂在防腐蚀领域中常用的几种形式：酚醛树脂涂料，酚醛树脂玻璃钢、酚醛-环氧树脂复合玻璃钢，酚醛树脂胶泥、砂浆，酚醛树脂浸注、压型石墨制品。热固性酚醛树脂的固化形式分为常温固化和热固化两种。常温固化可使用无毒常温 NL 固化剂，也可使用苯磺酰氯或石油磺酸，但后两种材料的毒性、刺激性较大。建议使用低毒高效的 NL 固化剂。填料可选择石墨粉、瓷粉、石英粉、硫酸钡粉，不宜采用辉绿岩粉。

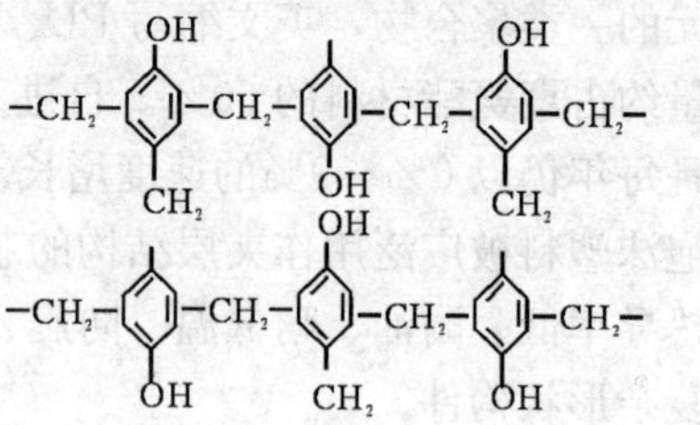

图 3-4　体型酚醛树脂结构示意图

在聚氨酯/酚醛树脂理论方面，先由经验上升到理论，然后理论再指导实践，实践又发展了理论，经过长时期的发展，已达到了比较完善的程度，然而在反应机理、结构与性能等方面仍在进行研究，聚氨酯/酚醛树脂的成型工艺也获得发展，可满足更多的使用要求。

大连理工大学建筑材料研究所对聚氨酯/酚醛树脂保温体进行研究，聚氨酯/酚醛树脂发泡保温体的研究内容与目标是确定适当的发泡工艺参数，获得性能良好的保温体。

（5）秸秆发泡混凝土

国家的"十一五"科技支撑计划中提出，利用农村现有的农作物秸秆资源，大力开发新型建筑材料，建设环保经济的新型村镇。经调研发现，每年我国都有大量的农作物秸秆资源剩余，由于"十一五"计划要求和秸秆资源的剩余，使秸秆发泡混凝土的研发成为必要。

植物纤维的利用方式多种多样，可利用其原纤维、衍生物或接枝共聚物。制品类型如纤维素衍生物膜、纤维素交换树脂、纤维素衍生物液晶以及纤维与热塑性树脂的复合材料等。

近年来，世界各国广泛开发改性聚丙烯以替代工程塑料。用天然植物纤维与聚丙烯复合制备的复合材料代替工程塑料也拓展了植物纤维应用的新领域。在水泥基复合材料领域，自 20 世纪 80 年代以来，不少发展中国家热中于研究和开发用非木浆植物纤维做水泥砂浆的增强材料。主要使用本国盛产的植物纤维，其中以剑麻与椰子壳纤维的研究居多。此外还研究黄麻、竹与芦苇等纤维，试图用植物纤维增强水泥制作廉价的建房材料。近年来有些发达国家的科研单位，也配合发展中国家进行此项研究，并且取得了一定的进展。非木浆植物纤维增强水泥制品已经在中美洲、非洲与亚洲的不少国家中生产与应用，根据美国 ACl544 委员会的报告，全世界约有 40 个国家有可能在建筑物中使用了此种制品。我国近年来也有个别工厂将某些农作物的秸秆切短、净化后用以生产植物纤维板做建筑物的面板。

秸秆是成熟农作物茎叶（穗）部分的总称。通常指小麦、水稻、玉米、薯类、油料、棉花、甘蔗和其他农作物在收获籽实后的剩余部分。农作物光合作用的产物有一半以上存在于秸秆中，秸秆富含氮、磷、钾、钙、镁和有机质等，是一种具有多用途的可再生生物资源。

Jones MR 等认为泡沫混凝土干缩大、抗拉强度和刚度低，从而限制了泡沫混凝土的应用，同时他们的研究表明聚丙烯纤维可以增加泡沫混凝土的可塑性和抗拉强度。

甘肃省建材科研设计研究所成功开发出纤维增强微孔轻质混凝土系列墙体制品，以空气压缩制泡、稳泡加气工艺制作的微孔轻质混凝土基材，其导热系数为 $0.14\sim0.16$ W/（m·K），其中的微孔相互封闭，孔径小于 1mm，容重为 $700\sim900$ kg/m³，抗压强度为 $2.0\sim8.0$ MPa。

Seung Bum Park 等研究了泡沫混凝土组分对其力学性能的影响，认为可以通过增加硅灰、粉煤灰、纤维用量来改善其力学性能，碳纤维和抗碱玻璃纤维都能有效增大基材的强度和断裂韧性，但是碳纤维效果要优于玻璃纤维。

珠海合纵建筑材料有限公司开发出强化纤维泡沫混凝土，该产品是由水、水泥、聚丙烯纤维和该公司的专利产品添加剂通过化学反应合成，气泡独立、封闭，直径在 $0.05\sim1.25$ mm，密度为 $400\sim1500$ kg/m³，抗压强度为 $4\sim20$ MPa，导热系数 $0.15\sim0.214$ W/（m·K），强化纤维泡沫混凝土制造的产品不易碎，兼有木材和混凝土的优点：可锯、可钻、可拧螺丝、重量轻、隔声隔热、耐火，抗弯曲抗折性能好，比其他建筑材料更能承受飓风和地震作用。

秸秆泡沫混凝土隶属于纤维泡沫混凝土，也隶属于新型泡沫混凝土的范畴，秸秆纤维在混凝土中主要起稳定泡沫的作用。大连理工大学建筑材料研究所对秸秆发泡混凝土进行研究，研究的内容与目标是利用农作物废弃物秸秆，经处理后，引入适当发泡剂，形成多孔保温体。已经评价出了稻草纤维对泡沫性能的改善，通过对泡沫的技术指标（发泡倍数、沉降距和泌水量）的测试来评价性能改善的效果；试验结果表明秸秆纤维的加入对于泡沫的性能起到了良好的改善作用，这主要是由于纤维的乱向分布以及纤维对气泡的支撑作用，在拌和物浆中，对起泡以及整个料浆起到了良好的支撑作用，这样就减小了由于重力作用对于气泡的挤压和气泡的重力排液作用；同时，由于纤维在气泡间的分割作用，在一定程度上也减少了气泡因表面张力和气体扩散而造成的泡沫破坏。

3.1.4　最新研究成果

大连理工大学研究的新型组合结构保温板从复合材料与组合结构的基本思想出发，以建筑模网与轻钢龙骨构架为结构体，内部填充聚氨酯类有机绝热材料等适当的保温体，从而构成具有夹层结构的模网多元泡沫屋面材料——组合模网保温屋面板。通过实验确定了建筑模网与轻钢龙骨构成网架形式的保温板结构体；应用新型泡沫混凝土作为保温体材料之一，并成功完成保温体的浇筑，获得质量均匀，成型密实，性能优良的保温板。

组合模网保温板可工厂化预制，将保温体均匀浇筑到建筑模网构架中，制成组合模网预制板材，预制板材在使用时专用抹面砂浆抹面，此预制板可以应用于屋面结构或框架结构的填充墙体，由于预制板整体质量轻，故适用于高层建筑物填充墙体结构，这种预制板材属于节能型屋面及墙体结构，对建筑节能意义重大。

1. 原材料

（1）模网

采用建筑模网的型号和规格（表 3-2）（料厚均为 0.40mm），实物见图 3-5，纵、横向抗拉承载力试验测试结果列于表 3-3。

模网型号与规格 表 3-2

型号	厚度 (mm)	网宽 (mm)	筋高 (mm)	筋距 (mm)	孔型 (mm)	网片长度 (mm)
RLAG9040		600	5	60	3.5×10	
RLAG11040		750	5	75	9.7×15.5	
RLAG10080	0.40	900	8	100	7×10	1200
RLAG8080		690	19	89.5	6×10	
SM130		445	13	89	—	

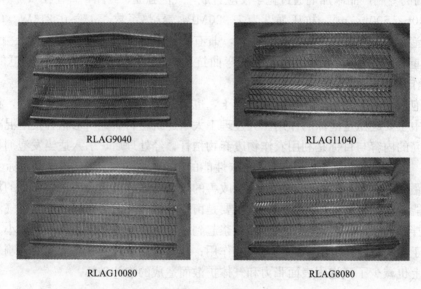

RLAG9040　　　　　　　RLAG11040

RLAG10080　　　　　　　RLAG8080

图 3-5　建筑模网实物照片

纵、横向抗拉承载力试验测试结果 表 3-3

模网型号	纵向，N	横向，N
RLAG9040	1525.82	708.61
RLAG11040	2770.98	219.55
RLAG10080	3296.15	362.22
RLAG8080	7886.87	813.75
SM130	7280.60	154.24

说明：横向试件的尺寸：宽为50mm、长为200mm；
纵向试件的尺寸：长为200mm的V形加强筋沟。

（2）龙骨

龙骨在结构体中是主要承载的部件，龙骨力学性能对整个模网构架性能起决定性作用。何为龙骨，在结构体中，龙骨不仅需要承受外部及自身荷载，而且还要稳定结构体自身的稳定性。

（3）泡沫聚氨酯

聚氨酯硬质泡沫塑料是由异氰酸酯、多元醇化合物和各种助剂经特殊发泡工艺制作而成。各组分均匀混合后，在催化剂的作用下，异氰酸酯和多元醇化合物发生聚合反应并伴有熔体黏度剧增现象，同时因物理发泡或化学发泡而产生气泡，气泡在泡沫稳定剂的帮助下封闭于聚合物内，从而形成泡沫塑料。发泡配合比见表 3-4。

聚氨酯保温体的基础配方 表 3-4

项目	聚醚多元醇	异氰酸酯	泡沫稳定剂	复合催化剂	发泡剂	复合阻燃剂	填料
质量分数	45	48	1.5～2.5	1～3	3～5	若干	若干

（4）新型泡沫混凝土

大连理工大学建筑材料研究所对新型泡沫混凝土技术进行了研究，新型泡沫混凝土技术是通过研制新型高效发泡剂和稳泡剂，解决传统泡沫混凝土弊病，揭示发泡剂和稳泡剂在其中的增强、发泡、稳泡机理。研究的主要内容为：

① 新型发泡剂合成工艺

新型发泡剂包括蛋白质型发泡剂、脂肪酸甲酯磺酸钠发泡剂的合成和松香型发泡剂改性，确定低成本、性能优良的发泡剂；新型发泡剂的指标参数：发泡倍数≥12，泡沫稳定时间≥2h；技术方案如图 3-6 所示。

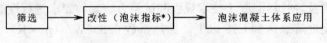

图 3-6　新型发泡剂研制方案

② 新型发泡剂泡沫稳定性的研究

筛选高效稳泡剂，使泡沫稳定时间≥2h。

③ 泡沫混凝土泡壁强度理论模型研究

选择适当的增强剂，通过研究泡沫混凝土硬化浆体的孔（泡）结构，分析与宏观物理力学性能的相关性，确定适当参数，建立泡沫混凝土泡壁强度理论模型，揭示增强机理，提出泡沫混凝土增强技术措施。

④ 新型发泡剂的应用研究

新型发泡剂的应用研究包括适宜的发泡方式与添加料的确定，优质泡沫混凝土的制备工艺以及泡沫混凝土的性能测试，泡沫混凝土的制备工艺流程如图 3-7 所示。

新型泡沫混凝土物理力学性能

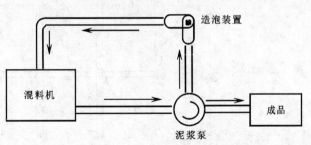

图 3-7　泡沫混凝土制备工艺图

指标为：气泡独立、封闭，直径在 0.25～0.5mm 范围内，密度为 400～1200kg/m³，抗压强度在 0.8～8.0MPa，导热系数为 0.15～0.214W/（m·K），干燥收缩值在 0.6mm/m 以内，吸水率根据密度分别控制在 20％～40％以下。

（5）高性能浮石混凝土

大连理工大学建筑材料研究所对浮石混凝土的高性能化进行研究，浮石储量大，易开采，利用"强化"的浮石颗粒做骨料，配置经济型高强轻质混凝土是可行的。研究的内容与目标为：

① 浮石骨料的造壳技术及强化机理研究

采用高强度等级胶凝材料，对浮石颗粒进行包裹造壳，目的是将其原有的天然气泡封装于壳内，提高强度，降低吸水率，然后作为骨料制备"泡沫"混凝土。浮石造壳强化技术方案如图3-8所示：

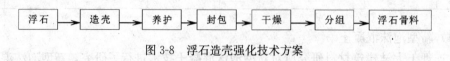

图 3-8　浮石造壳强化技术方案

同时通过对强化界面微观特性的研究，揭示造壳技术的强化机理，尝试建立界面强度数学模型。

② 浮石混凝土配制技术

通过实验研究确定浮石混凝土的最佳配制工艺。用不同的配制工艺制备浮石混凝土，通过对性能指标的对比分析，从而确定了浮石混凝土的最佳制备工艺。

③ 浮石混凝土性能测试和评价

按照《轻骨料及轻骨料混凝土技术规程和试验方法》的要求进行性能测定和评价。

浮石混凝土强度等级达到 C15 以上，导热系数 0.335W/（m·K），满足混凝土工作性、耐久性指标要求。

2. 组合保温板的制作

（1）工艺流程

原材料准备→龙骨预加工及固定→模网安装→聚氨酯发泡浇筑→整平。

（2）模网—龙骨结构体的制作（图3-9、图3-10）

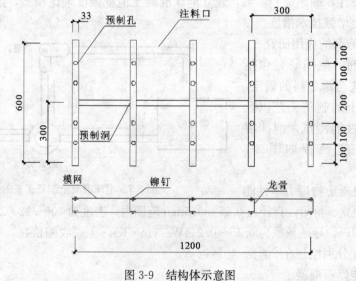

图 3-9　结构体示意图

图 3-10　龙骨骨架与结构体实物图

（3）建筑模网—龙骨—聚氨酯组合体（图 3-11）

3. 力学性能

对结构体与结合体在平压、抗弯折及热工三方面进行了测试，并针对各方面性能进行了对比。

（1）平压试验（表 3-5）

（2）抗弯折荷载试验（表 3-6）

图 3-11　聚氨酯组合保温板实物照片

结合体平压试验结果　　　　　　　　表 3-5

试件编号	重量（g）	面密度（kg/m²）	破坏荷载 P（kN）	平压强度 R（MPa）
1 号	938	10.4	20.7	0.230
2 号	945	10.5	25.6	0.284
3 号	956	10.6	19.4	0.216
平均值	946	10.5	21.9	0.243

结合体抗弯折测试结果　　　　　　　　表 3-6

项目	加载速率（mm/min）	破坏荷载值（kN）
抗弯折试验	0.2	4.508

（3）热工性能试验（图 3-12、表 3-7）

图 3-12　导热系数的测试装置

左侧试件相关温度（℃）				右侧试件相关温度（℃）				平均导热系数 W/m·K	计量板加热功率 W
计量板	计量板边缘	防护板	冷板	计量板	计量板边缘	防护板	冷板		
35.753	35.740	35.743	14.972	35.742	35.747	35.741	15.029	0.0324	0.252
35.764	35.753	35.759	14.982	35.751	35.763	35.756	15.037	0.0323	0.251
35.776	35.770	35.773	14.973	35.762	35.778	35.774	15.026	0.0321	0.250
35.764	35.754	35.758	14.976	35.752	35.763	35.757	15.031	0.0323	0.251
35.776	35.770	35.773	14.982	35.762	35.778	35.774	15.037	0.0324	0.252
35.753	35.740	35.743	14.972	35.742	35.747	35.741	15.026	0.0321	0.250
0.0225	试件厚度：0.120		设备修正系数：.916			修正后导热系数：0.0296			

审核：　　　　　　　　　　　　　　　　　检测日期：10-4-23

（4）聚氨酯保温体、结构体、组合体各项性能比较（图 3-8）

聚氨酯保温体、结构体、组合体的性能对比　　　　　表 3-8

技术指标	密度（kg/m³）	面密度（kg/m²）	平压强度（MPa）	抗折力（kN）	导热系数 [W/ (m·K)]
保温体	≥35	—	—	—	≤0.022
结构体	—	9.09	0.068	2.325	—
组合体	—	10.5	0.243	4.508	0.0296

由上述试验结果可见：

① 在建筑模网—聚氨酯组合体系中，组合体的重量与结构体的相近，组合体的平压强度是结构体的 3.5 倍左右，结构体本身承载属于失稳破坏，将结构体中填充保温体，使其结构更加稳定，大大增加其力学性能。

② 聚氨酯粘结强度高，能与模网及骨架紧密结合，形成了整体连续的保温层，有效地阻断热桥。导热系数为 0.0296W/ (m·K)，满足节能指标的要求。

③ 该组合结构的保温板施工工艺简单，可以工厂化批量生产，也可以现场实际尺寸制作。聚氨酯泡沫硬化的时间大约在 1h，建筑模网属于免拆模板，故可大大缩短施工期限。

4. 模网—泡沫混凝土组合结构保温板

新型泡沫混凝土作为新型板的保温体之一，对泡沫混凝土或秸秆泡沫混凝土组合体系的研究十分有意义。将泡沫混凝土组合体系中的保温体、结构体及复合体的性能指标汇总，如表 3-9 所示。

技术指标	密度 (kg/m³)	28d 强度 (MPa)	面密度 (kg/m²)	平压强度（R） (MPa)	导热系数 [W/（m·K）]
保温体	500 左右	3.3 左右	—	—	0.1158
结构体	—	—	9.09	0.068	—
复合体	—	—	59.4	0.85	0.1407

对试验结果进行分析，得出以下结论：

（1）泡沫混凝土浆料流动性大，建筑模网无法作为天然模板，需要附加其他模板，这样以来建筑模网失去了模板的作用。

（2）模网—泡沫混凝土复合体需要与新型泡沫混凝土同条件（湿度 95％，温度 20±2℃）养护，复合体在水热条件的作用下，表面模网及龙骨发生锈蚀现象，这样就降低了结构体的力学性能。

（3）在泡沫混凝土组合体系中，复合体的平压强度是结构体的 12 倍左右；结构体本身承载属于失稳破坏，将结构体中填充保温体，使其结构更加稳定，大大增加其力学性能。

（4）在泡沫混凝土组合体系中，复合体的导热系数大于保温体的导热系数，说明复合体的隔热性能比保温体差，故结构体对复合体的隔热性能起负面影响。

3.1.5 施工方法

新型组合结构保温板是"十一五"项目中的子课题《住宅保温屋面系统与材料研究开发》中新型屋面材料关键技术的主要研究内容，新型板的应用研究对产品的推广有重要的意义。

组合模网保温板可工厂化预制，将保温体均匀浇筑到建筑模网构架中，制成组合模网预制板材。预制板材在使用时以专用抹面砂浆抹面，此预制板可以应用于屋面结构或框架结构的填充墙体，适用于高层建筑物的填充墙体结构。

聚氨酯组合体系的浇筑工艺可采用喷涂聚氨酯硬泡体保温材料的工艺方法，屋面板状材料保温层工程施工的技术方法亦适用于本组合保温板的施工操作。

1. 材料性能与要求

适合在村镇住宅屋面使用的板状保温材料一般有聚苯乙烯泡沫塑料类、泡沫混凝土、矿棉制品、膨胀蛭石（珍珠岩）制品以及复合夹芯屋面板。新型组合结构保温板也属于板状保温材料范畴，新型板的技术指标见表 3-10 所示。

新型板的技术指标 表 3-10

技术指标	面密度 (kg/m²)	平压强度 (MPa)	抗折力 (kN)	导热系数 [W/（m·K）]
新型板	10.5	0.243	4.508	0.0296

2. 施工工具与机具

搅拌机、平锹、水平尺、手推车、木抹子等。

3. 作业条件

（1）铺设保温材料的基层（结构层）施工完毕，并办理隐检验手续。

（2）铺设隔汽层的屋面应先将表面清扫干净，干燥、平整，不得有松散、开裂、空鼓等缺陷；隔汽层的构造做法必须符合设计要求和现行屋面工程施工质量验收规范的规定。

（3）穿过结构的管根部位，应用细石混凝土填塞密实，以使管子固定。

4. 施工工艺

基层清理——铺设保温层——抹找平层。

5. 施工要点

（1）清理基层。应将预制或现浇混凝土基层表面的尘土、杂物等清理干净，使其平整、干燥。

（2）铺设保温层。

1）干铺板状保温层：直接铺设在结构层或隔汽层上，紧靠需隔热保温的表面，铺平、垫稳，分层铺设时，上、下两层板块接缝应相互错开，板间的缝隙应用同类材料的碎屑嵌填密实。新型组合结构保温板适宜选择此种方法，板件缝隙应用保温砂浆勾缝抹平。

2）粘贴的板状材料保温层应砌严、铺平，分层铺设的接缝要错开。胶粘剂应视保温材料的性能选用。板缝间或缺棱掉角处应用碎屑加胶结材料拌匀，填补密实。

3）用沥青胶结材料粘贴时，板状材料相互之间和基层之间，均应满涂（或满蘸）热沥青胶结材料，以便相互粘贴牢固。热沥青的温度为 160～200℃。

4）用砂浆铺贴板状保温材料时，一般可用 1∶2（体积比）水泥砂浆粘贴，板间裂缝应用水泥或保温砂浆填实并勾缝。保温砂浆配合比一般为水泥∶石灰∶同类保温材料碎粒（体积比）＝1∶1∶10。保温砂浆中的石灰膏必须经熟化 15h 以上，石灰膏中严禁含有未熟化的颗粒。

5）细部处理。屋面保温层在檐口、天沟处，宜延伸到外坡外侧，或按设计要求施工；排气管和构筑物穿过保温层的管壁周边和构筑物的四周，应预留排气口；女儿墙根部与保温层间应设置温度缝，缝宽以 15～20mm 为宜，并应贯通到结构基层。

（3）抹找平层：保温层施工并验收合格后，应立即进行找平层施工（若使用复合夹芯保温板，此工序可省去）。

6. 成品保护

（1）在已经铺好的松散保温层上行走、推小车必须铺垫脚手板。

（2）保温层施工完成后，应及时铺抹水泥砂浆找平层，以减少受潮和进水，尤其在雨期施工，应及时采取覆盖保护措施。

（3）板状保温材料进场后，必须码放整齐，防潮防雨，搬运时轻搬轻放，以防缺棱掉角，影响使用。

3.1.6 标准及验收

1. 聚氨酯原料的技术标准：主要有 A 组多元醇、B 组异氰酸酯双组分，并加入发泡剂、固化剂、均匀剂、阻燃剂等添加剂，原料性能应符合《喷涂聚氨酯硬泡体保温材料》（JC/T 998—2006）的要求。

2. 组合板施工质量标准

（1）主控项目

1）板状保温材料的表观密度、导热系数以及板材的强度、吸水率，必须符合设计要求。

2）保温层的含水率必须符合设计要求。

（2）一般项目

1）板状保温材料的铺设应紧贴（靠基层），铺平垫稳，拼缝严密，找坡正确。

2）保温层厚度的允许偏差：板状保温材料保温层为±5%，且不得大于4mm。

3）屋面松散材料保温层的施工质量检验数量，应按屋面面积每100m² 抽查1处，每处10m²，且不得少于3处。

3.2　新型夹芯屋面保温板

3.2.1　材料的分类

1. 芯层保温材料

从保温效果方面考虑，膨胀聚苯板（EPS板）、挤塑型聚苯板（XPS板）和硬泡聚氨酯板（PU板）3种保温材料是综合效果优良的保温材料。通过分析可以看出3种材料的使用温度范围广，热导率小，保温效果好，它们都能作为保温材料使用，但考虑到屋面要有一定的抗压强度，而挤塑型聚苯板（XPS板）抗压强度最高，而且，作为倒置式屋面的保温材料，从吸水性考虑，最理想的材料也是挤塑型聚苯板。

从村镇保温隔热材料的适用性来看，挤塑型聚苯板（XPS板）施工工艺简单，质轻容易搬，易切割，工期短，基本不受天气影响，几乎不老化，不需要设排气孔、隔气层，可以再利用，而且简单方便。而传统屋面保温材料（如膨胀珍珠岩）搬运困难、易受工艺和天气影响，一旦漏水就受潮，开始老化分解，过几年就需要维修，不方便维修且成本高。由于XPS板具有特有的微细闭孔蜂窝状结构，与EPS板相比，具有密度大、压缩性能高、导热系数低、吸水率极小、水蒸气渗透系数小等特点，在长期的高湿度或浸水环境下，它仍能保持其优良的保温性能。除此之外，XPS板还具有很好的耐冻融性能及较好的抗压缩蠕变性能。因此特别适用于倒置式屋面保温隔热系统。因此，挤塑型聚苯板（XPS板）是新型夹芯式保温屋面板最适用的保温隔热材料。

为发挥无机保温材料在防火功能上的优势，本研究还研制出了两种新型夹芯式保温屋面板，利用岩棉板和加气混凝土作为保温材料夹芯层，提高屋面的保温防火和隔声性能，适合村镇地区生产和使用。

2. 覆面材料

在国家标准图集《平屋面建筑构造（一）》（99J201-1）中，倒置屋面构造的压置层，即在保温层上的砂铺压块、水泥砂浆及卵石，且这三种压置层均无防水作用。砂铺压块和卵石这两种压置层，水透至保温层下，仍与大气连通，水及水汽来去自由，不仅防水原理科学，对保温效果亦只有短时间的不利影响。水泥砂浆压置层太薄、易裂、雨水易进不易出，可能会长时间地降低保温效果。使用防水砂浆，压置层兼作防水层，阻止了水及水蒸气透至保温层，使其更好地发挥保温隔热的作用，延长了保温层的使用寿命。

新型夹芯式保温屋面板的面层材料复合在保温材料的外表面，是由水泥、砂子（中砂)、防水剂组成的防水砂浆，面层的主要作用是保证新型夹芯式保温屋面板的机械强度和耐久性，具有良好的胶结性能、抗干缩性、耐候性及表面的抗冲击性能。

GRC 板是常用的板材，较高的力学和物理性能指标，比硅酸盐板具有生产周期短的优势，便于保温板后期工业化批量生产，适用于我国村镇地区。

3. 粘结剂

针对新型夹芯式保温屋面板的特征，本试验选择了几种市面上常用的可以用于粘结挤塑板（XPS）的胶粘剂，通过试验比较它们的性能，选出一种性价比高的胶粘剂来应用。

单组分聚氨酯胶在使用过程中不需要混合和计量设备，只要用刮刀或刮板均匀地涂覆在板材表面，然后压合在一起。但这种胶固化速度较慢，基本固化所需时间有时达 3h 以上，不适合于自动化连续生产。并且，聚氨酯胶粘剂市售的产品价格较高，按施胶量每平方米用胶量约 0.5kg，费用 30 元。

改性丙烯酸酯胶，常温约 2h 定位，适用于连续生产。按施胶量每平方米用胶量约 0.5kg，费用 6 元。

粘结干粉砂浆虽然便宜，但是需要搅拌及养护，施工不方便。而且粘结强度远小于另外两种胶。

聚氨酯胶和哥俩好胶的粘结强度相近，但是聚氨酯胶的价格比较贵，在建筑装饰材料市场也很难买到，不适合在农村推广使用。因此新型夹芯式保温屋面板选择哥俩好牌 4115 胶（改性丙烯酸酯胶）作为粘结层。

由于是手工涂胶，会造成涂胶不均匀、速度慢，若采用机械涂胶装置，效果会更好，并且减少涂胶厚度，更加经济。

4. 增强材料

批荡网采用薄型镀锌带钢，经全自动批荡网生产线成套设备特殊冲压扩张而成，此网板有别于传统菱形网，其网孔长节距纵向规则排列，网眼丝梗侧立六角形结构独特，网板两边带有加宽加强边筋，中间压有 V 形沟筋，具有较好的刚性骨力，网板无接点且整体结实牢固。产品在先进国家已广泛应用，主要用于轻钢住宅结构、墙体结构、旧墙加固、建筑防裂、建筑体外围护替代模板等技术中。质量符合国家轻工行业《钢板网》（Q/T 2959—2008）新标准，并通过美国 ICC 国际建材质量评估认证。具有不同网材厚度、网孔节距多种规格型号。产品已在英国、法国、瑞士、比利时、德国、美国、台湾、东南亚及中东等国家和地区得到广泛使用。

3.2.2 选用原则

1. 保温层材料选用原则

（1）保温层材料要求吸水率低。由于保温层在防水层上方，没有防水层的防水保护，直接遭受水分的渗透，吸水率高将加速热传性，造成保温材料的分解老化，最后失去保温效果而需翻修重建，严重时连防水层也需一齐翻修。

（2）保温层材料要求有高抗压性。抗压性至少在 250kPa 以上。抗压性不足会影响屋面的适用范围。

（3）保温层材料要求有较宽的安全工作温度和低热导系数。热阻要求能以最低厚度达到国家节能标准的要求，同时要求在 −30～+70℃ 间都可以适用，而且在此温度范围内不能发生物性变化。

（4）保温材料要求无毛细孔。

2. 覆面材料选用原则

（1）新型夹芯式保温屋面板的面层材料复合在保温材料的外表面，是由水泥、砂子（中砂）、防水剂组成的防水砂浆，面层的主要作用是保证新型夹芯式保温屋面板的机械强度和耐久性，具有良好的胶接性能、抗干缩性、耐候性及表面的抗冲击性能。

（2）有机硅防水砂浆对原材料的要求

有机硅防水砂浆对原材料的要求为：水泥宜选用 425 级普通硅酸盐水泥；砂子则以颗粒坚硬，表面粗糙、洁净的中砂为宜，砂的粒径为 2~3mm；水可采用一般洁净水；有机硅防水剂相对密度以 1.24~1.25 为宜，pH 值为 12。

（3）有机硅防水砂浆配合比

本试验选用的有机硅防水剂为沈阳市建院防水材料厂生产的 GX—B 型高效有机硅防水剂，其性能如表 3-11 所示。

有机硅防水剂的性能 表 3-11

检测项目	指 标		检测结果	单项结论
	一等品	合格品		
净浆安定性	合格	合格	合格	合格
初凝时间不小于（min）	45	45	4h55min	合格
终凝时间不大于（min）	10	10	9h46min	合格
抗压强度比，7d	100	85	91	合格品
%，不小于28d	90	80	83	合格品
透水压力比，%，不小于	300	200	200	合格品
48h吸水量比，%，不大于	65	75	71	合格品
28d收缩率比，%，不大于	125	135	126	合格品
对钢筋的锈蚀作用	应说明对钢筋有无锈蚀作用		无锈蚀	合格

厂家推荐的配比为水泥：砂：水＝1：2.5：0.5（将防水剂按 1：8 比例稀释）。有机硅防水砂浆的配比范围一般为 1：（2.5~3）：（0.4~0.55）。

3.2.3 材料的应用现状与存在问题

1. 我国农村住宅现状

目前，我国村镇住宅建造技术简单，缺乏科学性，甚至忽视起码的热工性能和防水措施，97％以上的农宅围护结构均无保温层，且窗户、屋顶等密封性差，导致住宅保温隔热性能差、能耗大、舒适度低。我国村镇住宅外墙热损失是北半球国家同类建筑的 3~5 倍，窗热损失在 2 倍以上。与同纬度许多发达国家相比，我国的气候特点是冬天寒冷，夏天湿热，但是我国房屋的保温隔热性能却要比发达国家差得多。

在我国，北方严寒地区冬季采暖用能占到了农村用能中的很大比例，普遍存在的问题是：室内温度过低，经济负担较重，污染严重。根据清华大学建筑节能研究中心 2006~

2007年组织的大规模的农村调研，结果表明，北方农宅供暖能耗偏高的主要原因之一是农宅本身围护结构的保温隔热性不好。作为建筑物内外可直接交互的物理界面，由屋面、墙体、地面和门窗构成的围护结构是建筑能耗损失的最主要部分。我国绝大多数采暖地区围护结构的热功性能都比气候相近的发达国家差许多，外墙传热系数为发达国家的3.5～4.5倍，外窗为2～3倍，屋面为3～6倍。有关调查显示：

（1）外墙：严寒地区农宅墙体平均厚度为40cm，寒冷地区为33cm，夏热冬冷地区为24mm，墙体均过薄，仅3%的农宅采用了简单保温措施，远未达到节能要求；同时冬季外墙转角处结露、结霜较严重，影响居住的舒适度。

（2）屋面：多数为只作防水，构造上采用木结构、铁皮或瓦屋面。北方地区22%的农宅屋面采用秸秆层作为屋顶保温材料，也有一些屋面采用锯末、膨胀珍珠岩等材料做保温层，其厚度由农民自定，缺少科学根据；南方地区90%的建筑无隔热层，屋面大都以120mm厚空心板为结构层，平屋顶时干铺炉渣或在苇箔上踩土，坡屋顶则在草泥和麦秸杆上铺瓦，其耗热量约占总耗热量的15%左右。

（3）地面：普遍采用混凝土垫层水泥地面，传热量大，脚感不舒服。

（4）门窗：窗多为木质窗，少量采用塑钢门窗，密闭效果差；即使在天气寒冷的北方，超过60%的农户仍使用单层窗，冬季透风严重。入口门多采用单层木门，没有防风措施，仅在门的缝隙处用棉毡堵塞缝隙，保温性能差。

由于围护结构的热功性能比较差，处于夏热冬冷地区农宅，夏天闷热，冬天潮冷；而地处寒冷地区的农宅，冬季一般室内甚至出现挂霜结冰现象。

农村住宅能耗偏高但室内热环境却不佳，一个重要的原因是：相对于城市而言，农村交通不便、信息闭塞、建设规模小并且分散，因此新材料、新技术、新工艺成果得不到及时推广利用。目前，在城市中早已被淘汰和禁止使用的混凝土预制板、不符合节能要求的炉渣保温材料、黏土砖等材料在农村仍在广泛大量使用，而城镇建筑工程中广泛推广使用的墙体、屋面保温材料、防水材料等在农村建筑工程中却没有得到推广应用。

为解决这一问题，各地纷纷推行鼓励政策。如北京市建委、农村工作委员会联合颁布《2008年北京市开展既有农民住宅节能保温改造示范项目实施办法》，实施对农村既有住房节能保温改造工程的政府补贴措施。对自愿实施既有农民住宅节能改造的各户，政府财政发放不超过改造资金总费用的60%，且每户给予总额不超过11000元的政策性资金奖励。2010年中央"一号文件"提出，抓住当前农村建房快速增长和建筑材料供给充裕的时机，把支持农民建房作为扩大内需的重大举措，采取有效措施推动"建材下乡"，鼓励农民依法依规建设自用住房。这些政策的出台实施，对于农村住宅建设向着高质量、高水平、低能耗、低污染的方向发展将发挥积极地促进作用。

如今，农业、农村和农民问题越来越受到人们的关注，十五大会议上三农问题成为热门话题，十六大提出建设社会主义新农村，十七大进一步要求要统筹城乡发展，推进社会主义新农村建设。其中，三农问题的根本就是农民生活水平的提高，而改善居住条件是一项硬指标。因此，重视农村住宅的建设，是建设我国社会主义新农村的客观要求和必然选择，符合农村经济发展、农村居民生活水平提高的基本要求。

2. 现有农村屋面形式

屋面作为建筑物外围护结构之一，它所造成的室内外出现温差而传热耗热量，大于任何一面外墙或地面的耗热量，在建筑物全部热损失中占8%～10%。因此，与外围护结构的其他传热界面相比，屋面所能发挥的保温、隔热作用更大，是建筑节能的主要部位。可以从以下几个方面来解释这一点：首先，热气流是向上运动的，而冷气流则向下运动，屋面可截住热气流，不使其散出室外；其次，屋面不仅是建筑冬季的失热部位，而且是夏季受太阳辐射影响最大的部位；另外，屋面作为蓄热体对室内温度波动起稳定作用。因此，住宅屋面的保温性能好坏，不仅直接影响住宅的能耗情况，而且直接影响居民的热舒适程度。

目前，我国既有建筑的屋面绝大多数达不到节能要求，要满足室内的舒适度要求，就必须加大采暖和空调的使用率，即要付出更多的能源代价。因此，提高屋面的保温隔热性能是降低建筑能耗的关键（表3-12）。

我国建筑屋面传热系数和发达国家及地区的比较　　　　　　　　　　　表3-12

国家	中国北京（节能50%～65%）	瑞典南部	德国柏林	美国	欧盟
传热系数	0.8～0.6	0.12	0.22	0.19	0.3

下面是我国现有农村屋面的几种典型形式：

山西省太原市周边小城镇居住建筑平屋面典型做法（图3-13）：在现浇混凝土板上铺炉渣保温，焦渣找坡，混凝土找平，最上面是SBS防水，传热系数约为1.13W/（m² · K），是节能标准限定值的两倍。

北京市周边小城镇居住建筑坡屋顶典型做法（图3-14）：在檩条上搭60～80mm板条，上铺苇箔和两层沥青油毡，90mm厚黄泥找平并固定页岩石屋面瓦。

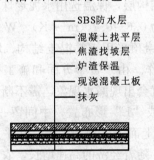

图 3-13　平屋面典型做法1

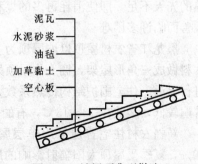

图 3-14　坡屋顶典型做法1

北京东山村某农居采用坡屋面（图3-15），空心板上采用加草黏土做保温层→油毡防水→水泥砂浆→平瓦，屋面耗能占总能耗的40%，传热系数达到2.91，而节能标准值为0.45。

鄂东北地区农村新建住宅多数都为平屋顶，其屋面构成基本为100mm厚钢筋混凝土板，外侧为20mm厚水泥砂浆，内侧为20mm厚石灰砂浆，没有任何保温隔热措施，致使室内热环境相当恶劣，夏季很多时候其室内温度超过了40℃。

关中农村坡屋顶常见的做法为（图3-16）：檩上铺椽子，椽子上铺厚度为3～4cm的

图 3-15　坡屋顶典型做法2

木望板，望板上铺麦秸草泥，草泥上卧瓦。有些农户也用当地产的一种望砖代替木望板。为了提高屋顶的防水性能，有些农户在木望板上铺一层油毡。平屋顶常见的做法是（图3-17）：预制钢筋混凝土空心板做结构层，上铺120mm厚灰土压实，灰土上铺一层塑料膜做防水层，其上现浇60mm厚混凝土，最后水泥砂浆抹灰罩面。除了简单的草泥，几乎没有保温隔热，防水也只是铺一层塑料膜。

图 3-16　坡屋顶典型做法 3

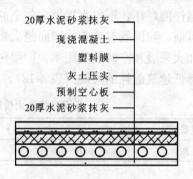

图 3-17　平屋面典型做法 2

唐山地区农村住宅的屋面多采用传统的保温做法，即平屋顶采用干铺炉渣或在苇箔、塑料薄膜上踩土；坡屋顶则在草泥和麦秸泥上铺瓦，其耗热量约占总耗热量的15％左右。

湖北地区村镇住宅的体形系数绝大部分在0.5以上，围护结构一般无保温隔热措施，仍以砖混结构为主。围护墙大都采用240mm厚的空心砖墙，内外抹面，其热阻为0.45～0.48（m²·K）/W；屋面大都以120mm厚空心板为结构层，保温选用水泥珍珠岩、炉渣及加气混凝土块，其施工以湿作业为主，实际的热阻为0.6～0.7（m²·K）/W。

湖南某地区的农村住宅的结构形式是砖混结构，屋顶采用钢筋混土结构，墙身采用240mm×115mm×53mm黏土砖，门窗一般用木材制作。由于资金方面和施工技术落后的原因，通常屋顶不做防水层，新房修建三到四年后就会出现漏水现象，需不断修补。

河南大部分属于采暖地区，住宅一般成倒"U"或"L"形布置，中间留一个院子，各房间围院而居。建筑采用240mm厚的黏土砖砌筑，上面盖以预制平板，几乎无保温隔热层，热工性能极差，冬季寒冷，夏季闷热。近年来，随着经济的高速增长，农民纷纷采取措施改善住房的舒适性，购置了冬季采暖夏季降暑的设备，但由于农村居住条件保温隔热的先天不足，即使消耗再多的煤和电，房间依然难以达到预期的目标，农民的居住条件改善面临许多困难。

黑龙江省农村屋顶以坡屋顶为主要形式，屋顶的主要材料为木料和瓦，通常做法是用木料做成三角形屋架，棚上作吊顶处理，上面放锯末、草木灰、膨胀珍珠岩、炉渣等材料进行保温。住宅围护结构传热系数大，一些住宅墙角结露、结霜严重。冬季室内平均温度普遍较低，多数在10～13℃，有的住宅最低温度甚至达到5℃以下。

新疆农村住宅普遍采用单层屋顶，屋面的热损失约占整个房屋围护结构热损失的30％，夏季受屋顶太阳辐射影响的居民所占比例大（平房为100％）。住宅屋盖普遍采用木屋盖草泥屋面，传热系数1.75W/（m²·K），居民夏季室内热舒适性差。

3. 现有农村住宅屋面保温材料

目前，我国农村很少用到城市使用的新型屋面保温隔热材料。以西北地区为例，屋面保温隔热材料多是当地的原生态材料。坡屋面大多都是土和水拌和成泥加入压碎的草、小麦秸秆、葵花杆、芦苇杆等，覆盖在苇席上，拍打成型，然后在草泥上卧瓦形成屋面。平屋面大多也只是用炉渣作为屋面的保温材料，致使屋面的传热系数很大，比城市的两倍还要多。

为了增强屋面的保温隔热性能，农村许多地区采用增加草泥和炉渣厚度的办法，有的地区草泥的厚度达到 200mm 以上，大大增加了屋面的荷载。

另外，农村屋面的防水措施也非常简陋，防水材料只是简单的塑料、油毡等，有的仅做水泥砂浆抹面和防水，不做保温隔热。致使冬冷夏热、潮湿，墙角结露、淌水甚至发霉。

4. 传统屋面形式存在的问题及其原因

传统屋面形式在使用过程中存在保温和隔热性能差、耐久性差、容易渗漏等问题，其原因主要是屋面结构体系本身不完善，另外，施工技术落后、防水保温等材料性能不好也是重要的影响因素。

传统屋面构造一般将隔热保温层做在防水层的下面，这种构造形式存在许多问题：

(1) 封闭式保温层，湿气不能及时排出，保温材料吸湿后保温隔热效果降低。

目前工程中常用的无机类屋面保温材料如膨胀珍珠岩、水泥蛭石、矿棉、岩棉等大部分都是非憎水性的，这类保温材料在吸湿后含水率上升，其导热系数将大大增加，保温隔热效果显著降低。实际使用当中，膨胀珍珠岩、水泥蛭石等无机胶结材料需要在施工现场拌合，而找平层也是湿作业，施工中用水量较大。因此，要保证这些材料中的水分及时蒸发以达到自然风干状态下的含水率，常常是十分困难的。这样，当进入后续防水施工工序或在后期使用过程，保温层因高温而产生湿气，一方面影响实际保温效果；另一方面，湿气向上面的防水层聚集，造成屋面防水层出现起鼓现象，影响防水工程质量。

沥青卷材防水、珍珠岩保温是一种传统的屋面做法，因其造价低廉、工艺简单，几十年来一直被广泛地采用。但长期以来，在我国北方寒冷地区，这种传统式屋面存在着不同程度的屋面开裂（一般在屋面工程完工后 3～5 年的冬季出现）、起鼓（一般在施工后的高温季节产生）、翘边以及珍珠岩吸湿保温效果降低等问题。

有机类屋面保温材料如苯板，虽然本身的吸水性很小，但其下面的屋面找坡材料很多仍为炉渣等高吸水率材料。在施工中，其含水率的控制很难达到要求，而苯板作为保温材料，没有强度，无法抵抗因找坡层大量的含水而引起的热胀及冻胀，这个问题的存在，使得质量再好的材料，也难免被破坏。

(2) 传统屋面构造中需要加做防水层和隔气层以降低保温层的含水率，使构造复杂化，增加了建筑造价。

为了解决保温材料受潮吸湿后保温隔热性能下降、易被破坏的问题，传统屋面构造中需要在保温层上面做防水层，在保温层下面做隔气层。另外，防水材料暴露于最上层，易受大气环境影响而加速老化，为延长防水层的使用寿命，需要防水层上加做保护层。这些构造层不仅使屋面自重增大，而且屋面结构趋于复杂化，增加了施工难度，延长了工期，增加了造价。由于防水层上加做保护层，每年均需检修，3～5 年就需要大维修，增加了额外投资。

因为先期保温层和找平层干燥困难，工程中常采用排气式屋面来处理。这种做法需要在屋面上留出大量排气孔，影响屋面的观瞻和二次利用；人为破坏了防水层的整体性，排气孔上防雨盖碰踢脱落后，反而导致雨水顺着排气孔进入保温层，施工也很麻烦。

5. 倒置式屋面的优点

倒置式屋面是相对传统屋面而言。《屋面工程技术规范》（GB 50345—2004）中规定，倒置式屋面即是"将憎水性保温材料设置在防水层上的屋面"，基本构造由下至上为：结构层→找平层→结合层→防水层→保温层→隔离层→保护层（图 3-18）。由于防水层与保温层先后顺序与传统屋面正好相反，故称"倒置"。倒置式屋面保护层分上人屋面和非上人屋面。

图 3-18 倒置式屋面的构造

倒置式屋面与普通保温屋面相比较，主要有如下优点：

（1）构造简化，不必设置屋面排气系统；

（2）保温层在防水层之上，大大缓解了外界环境对防水层的破坏作用，避免了人为踩踏、重物冲击、阳光照射、风吹雨打、酸雨、紫外线照射和臭氧的破坏作用，防止了磨损和暴雨冲刷，延缓了老化，从而提高了防水层的耐久性，延长了防水层的寿命。

（3）防水层受温差变化影响小，热胀冷缩变化也小，减少了由于气温剧烈变化而引起防水层的开裂和老化，试验数据表明，当采用倒置式屋面时，防水层的夏冬季温差值保持在 10℃左右。

（4）加速屋面内部水和水蒸气的蒸发。倒置式屋面保温层和保护层置于防水层之上，屋面做成有排水坡度的，雨水可自然排走，浸入屋面内部体系的水和水蒸气可通过多孔保温材料蒸发掉，不至于在冬季产生冻结现象。

（5）抗湿性能出色，具有长期稳定的保温隔热性能和抗压强度。采用挤塑聚苯乙烯保温板能保持较长久的保温隔热功能，持久性与建筑物的寿命等同。

（6）憎水性保温材料可以用电热丝或其他常规工具切割加工，施工快捷简便。

（7）屋面检修方便，不易损坏材料。由于保温层材料组成不同厚度的缓冲层，可使防水层材料不易在施工中受外界机械损伤。在使用中即使出现个别地方渗漏，只要揭开该范围内的几块保温板，就可以进行维修处理，更加简便。

（8）施工方便，效益突出。减少了屋面施工受天气的影响程度，即使是在雨季也不用等待数天，待下部各层彻底干燥后才能做防水层，从而使施工速度得到提高。由于防水层上面受到保温层和镇压层的压重，卷材防水层不必满粘，可采取空铺法施工。这不仅提高了施工速度，节省了材料和人工，也提高了防水层适应基层变形的能力。

（9）隔热节能性突出。由于采用倒置式屋面，使室内热容量增大，蓄热量增加，提高了室内热环境质量，降低了空调和供暖设备的高能耗，有利于保持夏冬季室温的相对稳定性，对建筑物的节能起到重要的作用。另外，实际水蒸气压力低于饱和水蒸气压力，可减少屋面结露和内部结露区域，从而降低了能耗。

6. 倒置式保温屋面构造设计的关键技术问题

（1）平屋顶的屋面坡度宜优先采用结构找坡（2%～3%），以便减轻自重，省去找坡层。当结构布置较复杂时，可用材料找坡。材料可选用煤渣混凝土作保温层并找坡，或加气混凝土砌块碎料作保温层并找坡。

(2) 防水层宜选用两种防水材料复合使用，以保证防水效果。

(3) 防水层与保温层之间宜设置一层滤水层，一方面可使防水层与保温层之间产生一个隔离层，另一方面可同时造成一个集水和结冻的空间。滤水层可采用干净的卵石或排水组合。考虑造价时本层也可以省去。

(4) 保温层一般可选用挤塑聚苯乙烯保温隔热板。保温层厚度应根据不同地区、不同使用条件经过热工计算而确定。同时要注意保温板与卷材及其胶粘剂之间不会发生化学分解。

(5) 倒置式屋面结构要求在保护层与保温板之间覆设一层耐穿刺、耐腐蚀的纤维织物，以确保保温板的完整性。对于上人屋面，其保护层可以在保温板上整浇 40mm 厚 C20 细石混凝土，内配钢筋网片，表面粘贴广场砖等饰面材料。对于仅供检修或消防避难用屋面，可采用混凝土板块、地砖、黏土砖、水泥砂浆等作为保护层，当采用混凝土板块时，可用 30mm 厚预制混凝土块或 50mm 厚 GRC 轻板，缝内用水泥砂浆填嵌，而不用油膏填嵌，以便于水分和水蒸气蒸发可排铺天然石块或预制混凝土块。对于不上人屋面，宜采用散铺卵石做保护层，卵石粒径为 20～40mm，保护层厚度一般可按 60kg/m² 左右进行控制。

(6) 倒置式屋面一般都要设压埋层。这主要是为了避免保温层暴露在大气中受紫外线的直接照射加速老化，或被风掀起。压埋层要求连续、完全覆盖，起到保护保温层的作用。其次，条件许可时，也可以采取一定的技术措施，附带起到防水层的作用，成为一道附加防水层。这样，压埋层既是保护层又是防水层，并且有时又是具有实际使用功能的构造层，达到一举数得的目的。根据有关专家的建议，寒冷地区的采暖建筑，如华北地区，宜采用卵石排水保护层涂膜防水倒置屋面或种植排水保护层涂膜防水倒置屋面；严寒地区的采暖建筑，如东北和西北地区，宜采用松铺混凝土板块排水保护层涂膜防水倒置屋面。

(7) 倒置屋面的防水层与保温层多为直接接触，因此，两种材料有相容匹配的问题。若防水层选用 JS，相容匹配较好解决，但 JS 不适合长时间与水接触；若防水层选用 PVC 卷材，保温层选用聚苯乙烯板（挤塑或模压泡沫板）则两者较为匹配；如果选用改性沥青作防水层，因其挥发物分子中有苯环，将对聚苯乙烯有害，应采取隔离措施；自带厚韧保护膜的改性沥青自粘卷材，其聚乙烯保护膜可起有效的隔离作用。注意，不能将聚苯乙烯泡沫板直接粘贴在防水涂层之上。

3.2.4 最新研究成果

新型夹芯屋面保温板是"十一五"项目中的子课题《住宅保温屋面系统与材料研究开发》中新型屋面材料关键技术的主要研究内容，大连理工大学对新型夹芯式保温屋面板进行了整体性能测试，包括其力学性能和物理性能，得出新型夹芯式保温屋面板密度小，导热系数小，抗压抗折强度高，抗弯性能优良（每平方米可承受 82.5kg 的重量）。新型夹芯保温屋面体系替代传统屋面材料简化施工工艺和屋面构造，减轻结构负荷，提高屋面的保温、防水性能，适合村镇地区生产和使用。

我国地域辽阔，经济发展差异大，为满足不同地区农房发展需要，同时为响应国家号召，发挥无机保温材料在防火功能上的优势，本书还研制出了两种新型夹芯式保温屋面板（I 型、II 型），利用岩棉板和加气混凝土作为保温材料夹芯层，同时面层材料利用 GRC

板取代硅酸盐板,充分发挥 GRC 板生产周期短的优势,以便于后期工业化批量生产。大连理工大学对此两种新型夹芯式保温屋面板进行了整体性能测试,得出较高的力学和物理性能指标,此两种除了能简化施工工艺和屋面构造,减轻结构负荷外,还能提高屋面的保温、防水、防火和隔声性能,适合村镇地区生产和使用。

1. 批荡网—XPS 新型夹芯式保温屋面板

(1) 性能测试

由于新型夹芯式保温屋面板用于室外暴露环境,长期经受温湿度变化,日晒雨淋及反复冻融等恶劣自然条件的作用,除要保持其应有的使用功能,还应具有良好的耐久性,反映其耐久性能好坏的主要指标包括吸水率、耐冻融、耐候性等。

① 外观质量与尺寸偏差

外观质量与尺寸偏差试验结果分别见表 3-13 和表 3-14。试验中试件的外观质量与尺寸偏差满足一等品质要求,由于是手工制作,难免会出现尺寸偏差、粗糙、外观质量差等现象,若采用机械制造、工厂预制,品质将更加优良。

外观质量 表 3-13

项次	项 目	一等品质量要求(个)	夹芯式保温屋面板
1	缺棱掉角	≤2 处/板	0
2	板面裂缝	≤2 处/板	0
3	板面外露筋纤、飞边毛刺	不允许	无
4	板的横向、纵向、侧向方向贯通裂缝	不允许	无
5	面层和夹芯层处裂缝	不允许	无

尺寸偏差允许值 表 3-14

项次	项 目	一等品质量要求(%)	夹芯式保温屋面板
1	长度	±5	3.0
2	宽度	±2	1.5
3	厚度	±1	0.5
4	侧向弯曲	≤3	1.0
5	板面平整度	≤2	0.5
6	对角线差	≤8	2.5
7	芯材宽度	±5	0.5
8	芯材厚度	±2	0.5
9	内芯中心面位移	≤3	1.0
10	批荡网局部翘曲	≤5	4.5
11	批荡网片中心面距离	±2	1.0

② 含水率与面密度

含水率和面密度试验结果见表 3-15。

<table>
<tr><td colspan="4" align="center">含水率与面密度数据</td><td align="right">表 3-15</td></tr>
</table>

	试件 1	试件 2	试件 3
m_1	2.10	2.17	2.08
m_0	1.98	2.05	1.94
W_1	6.3%	5.9%	7.2%
P	33.0	34.17	32.33
$\overline{W_1}$	6.5%		
$\overline{P}$	33.0		

《纤维水泥夹芯复合墙板》（JCT 1055—2007）中要求面密度≤85kg/m²，含水率≤8%，新型夹芯式保温屋面板的面密度仅为 33kg/m²，可以看出新型夹芯式保温屋面板具有质轻的优点。

③ 传热系数

试验采用防护热箱法，试验装置见图 3-19。

新型夹芯式保温屋面板传热系数试验结果见表 3-16。按照我国《民用建筑节能设计标准》（JGJ 26—95）规定，不同地区采暖居住建筑屋面的传热系数限值见表 3-17。

图 3-19　传热系数试验图

传热系数试验数据	表 3-16
总输入功率（W）	38.37
通过计量壁的热流量（W）	71.91
通过试件侧面的迂回热损（W）	2.48
通过试件计量面积的热流量（W）	36.02
试件热表面比热阻（m²·K/W）	0.112
试件冷表面比热阻（m²·K/W）	0.013
试件比热阻（m²·K/W）	1.112
试件热表面换热系数	12.821
试件冷表面换热系数	76.923
试件的传热系数（w/m²·K）	0.473
总比热阻（m²·K/W）	1.203

<table><tr><td colspan="4" align="center">不同地区采暖居住建筑屋面的传热系数限值</td><td align="right">表 3-17</td></tr></table>

采暖期室外平均温度（℃）	代表性城市	屋顶体形系数	
		≤3	≥3
2.0～1.0	郑州、洛阳、宝鸡、徐州	0.8	0.6
0.9～0.0	西安、拉萨、济南、青岛、安阳	0.8	0.6
−0.1～−1.0	石家庄、德州、晋城	0.8	0.6
1.1～−2.0	北京、天津、大连	0.8	0.6

采暖期室外 平均温度（℃）	代表性城市	屋顶体形系数	
		≤3	≥3
-2.1～-3.0	兰州、太原、唐山、喀什	0.7	0.5
-3.1～-4.0	西宁、银川、丹东	0.7	0.5
-4.1～-5.0	张家口、鞍山、吐鲁番	0.7	0.5
-5.1～-6.0	沈阳、大同、本溪、阜新、哈密	0.6	0.4
-6.1～-7.0	呼和浩特、抚顺	0.6	0.4
-7.1～-8.0	延吉、通辽、通化、四平	0.6	0.4
-8.1～-9.0	长春、乌鲁木齐	0.5	0.3
-9.1～-10.0	哈尔滨、牡丹江、克拉玛依	0.5	0.3

可见，新型夹芯式保温屋面板的传热系数满足限值要求。由于试验中新型夹芯式保温屋面板为手工制作，这会影响保温隔热性能，在测试时试件与仪器的缝隙也会增大，如果采用工厂加工，新型夹芯式保温屋面板的保温隔热性能会更加优良。

④ 力学性能

新型夹芯式保温屋面板应具有一定的力学性能，使其在可能发生的冲击荷载或其他设计要求允许的屋面恒载和屋面活载作用下不易产生破坏，其性能指标主要为抗冲击强度、抗弯强度、抗压强度、粘结强度和抗折强度。试验结果见表3-18，可见新型夹芯式保温屋面板的力学性能满足相关要求。

新型夹芯式保温屋面板的力学性能   表3-18

项 目	指标	性能特征
抗冲击性能（次）	≥5	10
抗弯破环荷载（板自重倍数）	≥1.5	2.4倍
抗压强度（MPa）	≥3.5	4.64
粘结性能（MPa）	≥0.1	0.12
抗折性能（kN）		1.86

（2）构造形式

新型夹芯式保温屋面板应用于倒置式屋面，其结构顺序依次为：基层屋面——找平层——防水层——新型夹芯式保温屋面板。

防水砂浆批抹在批荡网上侧，批荡网可以起到限裂作用，而防水砂浆则可以作为一道刚性防水，一起构成保护层。保温芯材不仅起到保温节能的作用，而且由于轻质，可降低屋面重量。纤维增强水泥板与下面的防水层（卷材或涂料）粘结良好，同时起到防水层保护层的作用。

（3）生产工艺（图3-20）

将切割好的8mm厚2000mm×600mm硅酸钙板铺在地面上，用刮板将改性丙烯酸酯

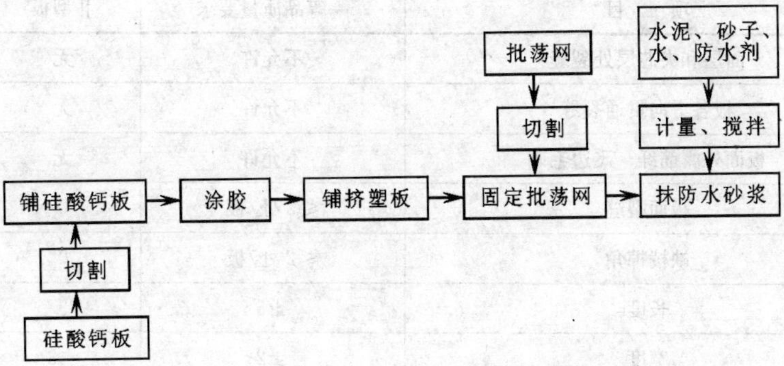

批荡网

水泥、砂子、水、防水剂

↓ 切割

↓ 计量、搅拌

铺硅酸钙板 → 涂胶 → 铺挤塑板 → 固定批荡网 → 抹防水砂浆

↑ 切割

硅酸钙板

图 3-20　新型夹芯式保温屋面板的制作工艺

胶涂在硅酸钙板上，涂胶量约为 $500g/m^2$，尽快铺上切好的 50mm 厚 2000mm×600mm 的挤塑板，然后将切割好的批荡网用码钉固定在挤塑板上，码钉间距约为 20mm，按水泥∶砂子∶硅水＝1∶3∶0.55 的配比配制防水砂浆，将其涂抹在表面，约 10mm 厚，室温下铺湿布养护 7d，干养 21d（图 3-21）。

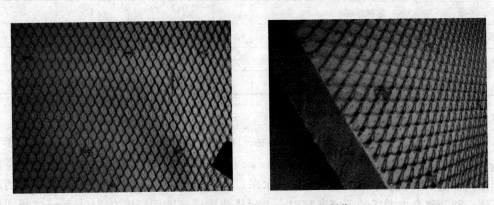

图 3-21　新型夹芯式保温屋面板的制作

通过各种材料综合作用，使新型夹芯式保温屋面板具有轻质、薄体、强度高、隔热、防水、易切割、环保等其他屋面保温材料无法比拟的综合优势。使用这种夹芯板替代传统屋面材料可提高施工工效，使施工方式向组装化发展，同时还可以减轻结构负荷，提高建筑物保温、防水性能以及安全性能，降低综合造价。

2. GRC—加气混凝土/岩棉夹芯式复合保温板

为更好的对比研究两种新型夹芯式保温屋面板的性能，本文暂将夹芯式复合板称Ⅰ型板，将岩棉夹芯式复合板称Ⅱ型板。

（1）性能测定

① 外观质量与尺寸偏差

外观质量与尺寸偏差试验结果分别见表 3-19。试验中试件的外观质量与尺寸偏差满足一等品质要求，由于是手工制作，难免会出现尺寸偏差、粗糙、外观质量差等现象，若采用机械制造、工厂预制，品质将更加优良。

		外观质量与尺寸偏差实验数据		表 3-19

项次	项 目	一等品质量要求	Ⅱ型板	Ⅰ型板
1	面层和夹芯层处裂缝	不允许	无	无
2	板各方向贯通裂缝	不允许	无	无
3	板面外露筋纤、飞边毛刺	不允许	无	无
4	板面裂缝	≤2 处/板	0	0
5	缺棱掉角	≤2 处/板	0	0
6	长度	±5	3	2
7	宽度	±2	−3	1
8	厚度	±1	0	0
9	侧向弯曲	≤3	1	1
10	板面平整度	≤2	0	0
11	对角线差	≤8	6	4
12	芯材宽度	±5	2	3
13	芯材厚度	±2	1	2
14	内芯中心面位移	≤3	1	1
15	钢丝网片局部翘曲	≤5	3	2
16	两钢丝网片中心面距离	±2	−1	1

② 含水率与气干面密度

含水率和气干面密度试验结果见表 3-20，Ⅰ型板的含水率为 8.3%、气干面密度为 68kg/m²，Ⅱ型板分别为 6.5%、45.5kg/m²，Ⅰ型板的含水率要高于Ⅱ型板，这主要是因为加气混凝土的吸水率要大于岩棉的吸水率，在制作过程中加气混凝土吸水后得不到散失所致。两种复合夹芯板的面密度都很小，而传统半砖墙的面密度在 240kg/m²，特别是Ⅱ型板的面密度不到半砖墙的 20%。适合作为村镇住宅隔墙板使用，而应用在保温屋面时，省去了传统找平层的做法（20mm 水泥砂浆），明显具有轻质、施工方便的优势。

					含水量和气干面密度数据	表 3-20

	m_1	m_0	W_1	$\overline{W}_1$	P（kg/m²）	$\overline{P}$（kg/m²）
Ⅰ型板	4.36	4.03	8.3%		67.17	
	4.47	4.12	8.6%	8.3%	68.67	68.0
	4.40	4.08	7.9%		68.00	
Ⅱ型板	2.90	2.72	6.80%		45.33	
	2.86	2.69	6.30%	6.5%	44.83	45.5
	2.92	2.74	6.50%		45.67	

③ 空气声计权隔声量

本书还对比测试了两种复合夹芯板的隔声性能，试验环境见图 3-22，利用丹麦

B&K3560D声学和振动分析系统所得数据见图 3-23 及 3-24。

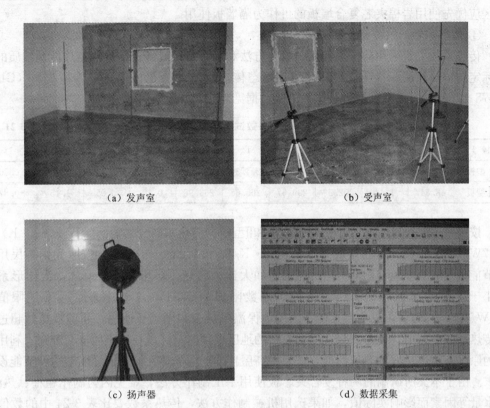

（a）发声室　　　　　　　　　　　　（b）受声室

（c）扬声器　　　　　　　　　　　　（d）数据采集

图 3-22　隔声量试验环境

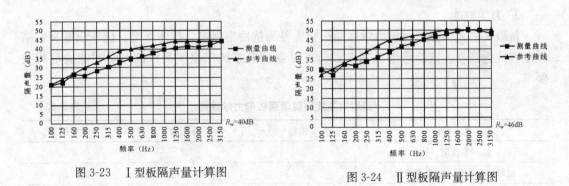

图 3-23　Ⅰ型板隔声量计算图　　　　　　　　图 3-24　Ⅱ型板隔声量计算图

　　两种夹芯复合板属于轻质板材，由于空气声的隔声理论中的"质量定律"的存在，相对传统的厚重的维护结构材料隔声量要小（半砖墙的隔声量为47dB）。从测试结果可以看出两种类型板，虽然两者夹心层材料不同，其隔声的频率特性是相同的，都是隔低频差隔高频好。而Ⅰ型板虽然比Ⅱ型板的面密度要大，但Ⅱ型板由于使用多孔弹性吸声材料（岩棉板）作为夹心层，明显提高了隔声性能，超越了传统隔声材料以高密度、大厚度来增加隔声效果的机理，面密度大约为传统半砖墙的1/5，而隔声性能与半砖墙相当。在我国《民用建筑隔声设计规范》中，规定分户墙及楼板的隔声设计标注中规定，最低等级三级的标准就要求分户墙的计权隔声量要不小于40dB，可见鉴于两种类型的隔声性能，在我国经济条件允许的情况下，鉴于Ⅱ型板在隔声、轻质方面的特性优于Ⅰ型板，在我国村镇地区应优先使用岩棉夹芯复合墙板的可作为隔墙板使用。

④ 传热系数

传热系数测定采用防护热箱法，具体方法和步骤按照《建筑构件稳态热传递性质的测定标定防护热箱法》（现行）和《绝热稳态传热性质的测定标定防护热箱法》（GB/T 13475—2008）有关规定进行测试，试验数据见表 3-21。

传热系数试验数据　　　　　　　　　　　表 3-21

板号	Q_1	A	T_{ni}	T_{si}	T_{se}	T_{ne}	R_{si}	R_{se}	R_u	U
Ⅰ型板	43.768	1.44	303.06	300.02	264.36	263	0.10	0.045	1.318	0.76
Ⅱ型板	48.847	1.44	302.99	299.67	265.68	263.98	0.10	0.05	1.15	0.87

按照上述试验和计算方法，可得Ⅰ型板和Ⅱ型板的传热系数分别为 0.76W/（m² · K）和 0.87W/（m² · K），热阻分别为 1.318m² · K/W 和 0.87m² · K/W，按照我国《民用建筑节能设计标准》（JGJ 26—95）规定，如大连、北京、郑州等寒冷地区，当体形系数在小于 3 的情况下，要求隔墙的传热系数限值为 1.83W/（m² · K），屋顶的限值为 0.8W/（m² · K），可见Ⅰ型板能作为屋顶保温隔热板和隔墙板使用，Ⅱ型板虽然超过屋顶传热系数的限值，但是如果应用在农村的地区屋顶时，可以在其上用草泥卧瓦，利用当地的原生态材料良好的热工性能，从而提高屋顶的保温隔热性能，同样能够达到节能设计要求。由于本文所研制的两种复合夹芯板使用手工制作方法，难免因为制作粗糙、热桥、含水量等因素而影响实际值，如果选用机械制作方法，传热系数要比表 3-24 中的数值要小，更能反映复合板的实际热工性能。

⑤ 力学性能

新型夹芯式保温屋面板力学性能指标主要为抗冲击强度、抗弯强度、抗压强度、粘结强度和抗折强度。试验结果见表 3-22，可见新型夹芯式保温屋面板的力学性能满足相关要求。

新型夹芯式保温屋面板的力学性能　　　　　　表 3-22

项　　目	指标	Ⅰ型板	Ⅱ型板
抗冲击性能（次）	≥5	16	8
抗弯破环荷载（板自重倍数）	≥1.5	2.53 倍	4.86 倍
抗压强度（MPa）	≥3.5	5.32	4.27
粘结性能（MPa）	≥0.1	0.18	0.15

（2）构造形式

根据复合板的使用位置和所要突出的某种功能以及板的受力情况，对复合板的构造进行具体设计。设计中的可变化参数包括：面层板厚度、抗压强度、配筋材料、配筋方式、配筋量、芯层填充材料厚度、芯层填充材料的主要特性、芯层填充材料的状态等。对复合墙板进行构造设计，目的是为了最大限度的兼顾复合板在实际使用中的多种性能要求。

本书研究两种复合板（长为 2400mm，宽为 600mm）的构造分别为：Ⅰ型板：120mm 厚，蒸压加气混凝土块厚 90mm，GRC 面板厚各 10mm，两边粘结砂浆层各 5mm。Ⅱ型板：100mm 厚，岩棉板为 60mm，GRC 面板厚各 10mm，两边粘结砂浆层各 5mm。两种夹芯式复合墙板都具有很好的保温性能和隔声性能，目的是将两种型号的夹芯复合板应用于寒冷地区和严寒地区的板状保温隔热材料，同时也可做分室隔墙板使用。

（3）制作工艺

复合夹芯板的制作可用手工和机械预制两种制作工艺，本试验限于试验条件暂使用手工制作方法，工艺简单可靠，具体生产工艺流程如图 3-25 所示，其中Ⅱ型板实物图如图 3-26 所示。

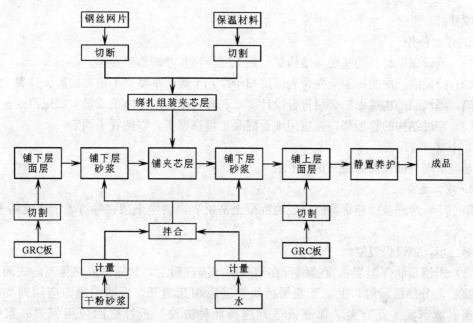

图 3-25　复合夹芯墙板制作工艺流程

图 3-26　Ⅱ型板制作实物图

在制作夹芯板时，蒸压加气混凝土块本身的抗压强度要比岩棉板高，不需要使用木垫块，但是要选用外观质量好、侧楞平整的蒸压加气混凝土块，防止加气混凝土块的拼接缝隙过大而产生"热桥"现象的发生。在制作Ⅱ型板时，由于岩棉板材质较软、容易变形，在绑扎组装夹芯层的时候，需要在纵横间距 300mm 的位置填入 30mm×30mm×60mm（高度与保温层厚度相同）的木垫块，用电钻钻孔，用钢丝将木垫块与钢丝网片绑扎牢固，使得钢丝网片与岩棉板组成牢固的整体，防止铺放上层材料时使岩棉板变形。

3.2.5　施工方法

1. 施工工具与机具

搅拌机、平锹、水平尺、手推车、木抹子等。

2. 作业条件

（1）铺设保温材料的基层（结构层）施工完毕，并办理检验手续。

（2）铺设隔汽层的屋面应先将表面清扫干净，干燥、平整，不得有松散、开裂、空鼓等缺陷；隔汽层的构造做法必须符合设计要求和现行屋面工程施工质量验收规范的规定。

（3）穿过结构的管根部位，应用细石混凝土填塞密实，以使管子固定。

3. 施工工艺

基层清理→铺设保温层→抹找平层

4. 施工要点

第一步，清理基层应将预制或现浇混凝土基层表面的尘土杂物等清理干净使其平整、干燥。

第二步，铺设保温层。

（1）干铺板状保温层：直接铺设在结构层或隔汽层上，紧靠需隔热保温的表面，铺平、垫稳，分层铺设时，上、下两层板块接缝应相互错开，板间的缝隙应用同类材料的碎屑嵌填密实。复合夹芯保温板适宜选用此种方法，板件缝隙应用保温砂浆勾缝抹平。

（2）粘贴的板状材料保温层应砌严、铺平，分层铺设的接缝要错开。胶粘剂应视保温材料的性能选用。板缝间或缺棱掉角处应用碎屑加胶结材料拌匀，填补密实。

（3）用沥青胶结材料粘贴时，板状材料相互之间和基层之间，均应满涂（或满蘸）热沥青胶结材料，以便相互粘贴牢固。热沥青的温度为 160～200℃。

（4）用砂浆铺贴板状保温材料时，一般可用 1∶2（体积比）水泥砂浆粘贴，板件裂缝应用水泥或保温砂浆填实并勾缝。保温砂浆配合比一般为水泥∶石灰∶同类保温材料碎粒（体积比）＝1∶1∶10。保温砂浆中的石灰膏必须经熟化 15h 以上，石灰膏中严禁含有未熟化的颗粒。

（5）细部处理。屋面保温层在檐口、天沟处，宜延伸到外坡外侧，或按设计要求施工；排气管和构筑物穿过保温层的管壁周边和构筑物的四周，应预留排气口；女儿墙根部与保温层间应设置温度缝，缝宽以 15～20mm 为宜，并应贯通到结构基层。

3.2.6　标准及验收

我国幅员辽阔，气候差异大，不同地区村镇住宅的屋面构造也有差异，为突出地域的差异性，更好的方便村镇住宅关键技术研究与示范项目的推广与应用，新型夹芯式保温屋面板按照我国建筑热工分区设计了四个气候地区的屋面构造供示范工程的选用。具体见表 3-23。

不同气候区屋面构造表　　　　　　　　　　　表 3-23

编号	气候区	简图	构造（自上而下）
①	严寒地区和寒冷地区		(1) 细石混凝土防水层 (2) 白灰砂浆隔离层 (3) 1∶8 水泥陶粒找坡层最薄处 30mm (4) 新型夹芯式保温板 (5) 预制钢筋混凝土屋面板
②	夏热冬冷地区		(1) 40mm 厚 C20 细石混凝土（内配 4φ6 钢筋网片） (2) 隔离层：白灰砂浆或油毡一层 (3) 硬泡聚氨酯或聚苯乙烯泡沫塑料 (4) 防水层 (5) 20mm 厚 1∶3 水泥砂浆找平层 (6) 轻骨料混凝土最薄处 30mm 厚找坡层 (7) 预制钢筋混凝土屋面板
③	夏热冬暖地区		(1) 40mm 厚 C20 细石混凝土（内配 4φ6 钢筋网片） (2) 新型夹芯式保温板 (3) 防水层 (4) 20mm 厚 1∶3 水泥砂浆找平层 (5) 轻骨料混凝土最薄处 30mm 厚找坡层 (6) 预制钢筋混凝土屋面板

1. 严寒地区屋面构造及选用

我国《民用建筑热工设计规范》（GB 50176—93）中规定我国严寒地区在建筑热工设计中的设计要求为"必须充分满足冬季保温要求，一般可不考虑夏季防热"。

2. 寒冷地区屋面构造及选用

我国《民用建筑热工设计规范》（GB 50176—93）中规定我国寒冷地区在建筑热工设计中的设计要求为"应满足冬季保温要求，部分地区兼顾夏季防热"。

3. 夏热冬冷地区屋面构造及选用

我国《民用建筑热工设计规范》（GB 50176—93）中规定我国夏热冬冷地区在建筑热工设计中的设计要求为"应满足夏季放热要求，适当兼顾冬季保温"。

4. 夏热冬暖地区屋面构造及选用

我国《民用建筑热工设计规范》（GB 50176—93）中规定我国夏热冬暖地区在建筑热工设计中的设计要求为"应满足夏季放热要求，一般不考虑冬季保温"。

第四章 结构与性能增强型生土建筑材料

4.1 生土建筑材料

生土建筑材料以生土为主要原料，经过不同方法处理后，制成的墙体材料。并且使用后的材料经过粉碎后可撒入土中，进入当地的循环系统，减少资源浪费及环境污染，这种可持续发展的生态优势是其他任何材料无法取代的。从人类社会形成以来，生土墙体材料一直是主要的建筑材料之一。一方面，传统生土建筑墙体材料的发展与提高，对人类居住条件的改善十分重要。另一方面，日渐严重的环境污染已成为制约全球经济发展的主要因素，传统的混凝土材料和石灰类材料完成寿命周期后，成为建筑垃圾，而生土建筑材料可以无限循环使用，与环境共存的特征优于水泥混凝土类材料，可以减少对生态的破坏，保护和改善自然环境，有利于社会的可持续发展。当前，节约型、资源效益型，灵活适应型和风格多样型应当成为中国乡村建筑的基本特征，生土墙体材料建筑就是广大农村居住建筑的重要形式之一。本章针对生土墙材和细部结构，介绍生土建筑材料的分类、生土的选择、最新研究成果、施工及验收等。

4.1.1 生土建筑材料的分类

生土是指未焙烧而仅作简单加工的原状土，以生土建筑材料营造主体结构的建筑被称为生土建筑。以生土为建筑材料的建筑主要包括夯土建筑、土坯建筑、掩土建筑等形式。掩土建筑由于只是对原状土进行挖掘加工而成，因此，生土建筑使用的生土建筑材料主要是夯土和土坯两大类，还有一种主要在北方使用的生土墙体材料就是草泥垛墙。

1. 夯土

生土建筑材料最早、也是最普通的方式，就是夯土。夯土是用一种能够固定在墙上的专用木制模具，用锹往模具内添土，人站在墙上，用一种特制的夯锤，把松软的土夯结实。

夯土建筑是人类最早的建筑方式之一，现在很多地方的古文化遗址中，都有夯土建筑的文物，像古长城的遗址、墓葬以及古城遗址等，都可以看到古人用夯土营造建筑物的痕迹。夯土建筑分布广泛，几乎遍及全球。由于地理条件、生活方式、历史传统、民族习俗的不同，各地区的夯土建筑在施工技术和建筑风格上也各有特点，这已经成为各国建筑文化的组成部分。而福建省永定地区的多层土楼，堪称世界夯土建筑的一个奇迹（图4-1）。

2. 土坯

生土建筑的另一个形式就是先把生土做成土坯，再用这种土坯来砌墙。土坯的制做方法有夯制、碾压、和泥等多种，在水稻田比较多的地方，做坯多采用碾压的方式。夯制是把搅拌好的土料放入专用模具内，夯实脱模后得到土坯；而和泥的方法是将土加水调到可塑状态，然后放入模具中成型，经干燥后得到土坯。不论是哪种方式得到土坯，均具有一定的强度，可以用来砌筑承重墙体或是非承重的隔墙（图4-2）。

图 4-1　夯土墙

图 4-2　土坯

3. 草泥垛墙

草泥垛墙是生土建筑材料的另外一种表现形式，在北方相对较多，以生土和草为原料，加水调合后一层层垛起来而形成墙体材料。这种墙体材料可以用做房屋的主体承重结构，也可以做一般的围墙。国内外以草泥作为建筑材料均有悠久的历史。据史料记载，我国早在距今 6000 年前就已经使用草泥盖房子。作为一种古老的建筑材料，草泥具有经济、可塑性强、黏附性好、密度小、可操作性强等优点。此外，草泥兼有保温、隔热的良好热工性能，可以经受严寒、暴晒的考验，是一种理想的生土建筑材料（图 4-3）。

4.1.2　生土建筑材料的选用原则

生土建筑材料的选择主要是对土料的选择，土料的粘结力、抗水性、收缩性是影响生土建筑材料质量的决定因素，因此，在施工前应对土料进行检验。土料中黏土成分越多，其干燥收缩就越大，对于这样的黏土，需要掺加一定比例的砂粒、卵石、瓦砾等以减少干缩变形；如果土料中含砂量太大，土质松散，可塑性差，强度低，则应掺加一定的可塑性强的黏土或是一定比例的生石灰或水泥等胶结材料，以提高墙体的强度和抗水性。

在选用生土时，需要综合考虑以下几个因素：

1. 生土来源广泛，取土方便；

2. 生土要具有一定的可塑性；

3. 生土内含的杂质相对较少；

4. 生土的含水率最好在 10% 以下；

5. 生土干燥收缩率要小；

6. 生土的干后强度较高。

以上几个因素只是理想的状态，由于生土分布范围很广，各地的生土均可用于生土建筑材料的制备，但由于不同区域的生土结构成分的差异，在制备生土建筑材料时只需要进行适当的调配，均可用于生土建筑材料的制备。

4.1.3　生土建筑材料的应用现状与存在问题

1. 国外现状

（1）生土墙体材料标准的制定

在生土墙体材料标准方面国外非常重视并制定了一系列标准。美国新墨西哥州的生土建筑有着悠久的历史，其生土建筑的拥有量相当大，对生土墙的建造规则已制订了具有法律效力的规范，其中对承重夯土墙选用何种的土、夯土构件的制作要求、生土材料应达到的技术指标等都做了详细规定，在生土建筑设计构造方面提出了若干条定量化的指标，如生土外墙最小厚度、内墙最小厚度、生土墙高厚比、防渗水措施等，都做了严格要求。澳大利亚是广泛使用生土建筑的一个国家，长期以来非常重视生土建筑的规范性工作的研究，目前正在起草"生土建筑指南"，以使本国的生土建筑设计、材料选择、质量评定都规范化。新西兰发展更快，相应制定了三个生土标准 NZS4297～4299：1998，该标准涵盖了土坯、夯土以及加筋土墙的设计，其中对生土强度最小值做了规定。英国针对土木工程出台了 BS1377—4：1990 标准，从生土分类到夯实等过程做了说明。巴西、墨西哥等国家也在生土建筑领域进行了许多研究。德国非常重视生土墙体材料建筑质量保证体系的制定与执行，德国生土建筑协会针对建筑师、工程师、施工员对生土建筑设计、计算、质量评定等缺乏科学指导的问题，开展了近 30 年的技术培训工作，计划并编制了一个评价现代生土建筑的基本程序，克服了过去建造生土房屋靠的是"口传心授"的弊端，如建立了结束机制，未经培训仅凭经验的人员不能取得施工资格，总之，经过系统培训，从生土建筑的设计计算，以及评价生土建筑等问题可以相对规范化，极大地促进了德国生土建筑质量的提高（图 4-4）。

图 4-3　草泥垛墙

图 4-4　国外生土建筑

（2）生土墙材料自身的改性研究

在生土墙体材料改性方面，国外学者进行了大量的研究以提高生土墙体材料的力学性能和耐久性。日本研究了泥笆墙的抗震性能，墙体质量轻，加入的荆条又可以使墙体在延性和承载力方面得到很好的改善，便于现代施工。法国是在生土技术上最先推行革新的国家之一，18 世纪以前生土建筑一直沿用的基本原理就是将湿土填入模板夯实。法国的一位工程师 F.c，首先在法国境内发现使用 Pise 技术，该技术是利用水泥土、砂石搅拌成塑性体，通过泵送方法浇筑入模。它的最大进步是使土与钢筋共同形成建筑整体，具有良好的抗震性，又保持了土原有的舒适、环保节能的本色，是生土建筑技术的一大进步。

瑞士是继法国应用 Pise 技术后的第一个使用生土建造房屋的国家，称为 Swiss Pise，其发展大致经历了三个阶段[17]：第一阶段 1661～1671 年，由于自由企业的兴起，出现了用生土建造房屋，其建筑层数、设计、结构具有一定规范性；第二阶段：1820～1865 年，夯土建筑已广泛用来建造学校、纺织厂、住宅等；第三阶段：1914～1942 年通过研究表明，Swiss Pise 墙体与现代建筑材料相比，有优异的热性质。通过对生土墙的夯实密度与导热系数的大量研究，已能够定量化的给出某些热物理性质指标，尤其是随着研究的深入，对土的组成，颗粒含量的变化对影响夯土墙导热系数指标也开始了试验研究，与此同时，开展了生土建筑节能项目的专题研究，瑞士的生土建筑发展到第三阶段，已将生土建筑具有的热学性质与节能作为重点课题进行科学化的研究，生土建筑的科技含量逐步提高。

在英国，科学家 Matthew R. . Hall 研究在不同气候下环境对墙体的影响，表明只有在外界湿度超过墙体表面时水分才能入侵墙体，而且墙体的防水能力与颗粒级配有关，受潮后墙体内部（距表面 150mm 以上）含水量没有明显变化。另有科学家 Hanifi Binici 正在研究在夯土中掺入须根、稻草、聚苯乙烯织物等，加入石子、水泥、石膏、石灰等改性材料，设置不同网格尺寸的钢丝网片等。P. A. Jaquin 等人通过试验和有限元分析，认为利用有限元分析可以很好地去研究、保护古生土建筑，他们模拟了一个现存的建于公元10 世纪的西班牙教堂，对整体有限元分析。

西班牙科学家研究了生土改性材料，对比未掺和掺入水泥、石灰、柏油等的效果，掺入水泥效果最好，同时还对墙体开洞率和高厚比进行了研究。

斯里兰卡的科学家研究在夯土内加入适当的水泥可以提高墙体的强度，建议其夯实最优含水率不宜超过 20％，掺入水泥含量约 6％时可以得到很高的强度，这样得到的水泥土的弹性模量在 500MPa 左右。

澳大利亚建筑家将夯土建筑做成办公楼，并且在环保、能源等方面说明其非常节能、保温隔热效果很好。

不但发达国家在研究，发展中国家也在进行。位于非洲东南的马拉维对穷人居住的夯土建筑开展了研究，涉及方面不但从结构形式、构造措施，还有改性材料等方面。

国外对生土墙体材料的研究，不但在规范方面取得了成绩，而且在生土墙体材料改性方面也取得了一定的成就，使生土建筑从结构设计、材料选择到建筑施工都能严格控制，对生土建筑的进一步发展具有指导意义。

2. 国内现状

在国内生土墙体材料的研究主要分成两方面，一是生土墙体材料的整体性抗震研究，二是生土墙体材料自身的改性研究。

(1) 生土墙体材料的整体性抗震性研究

国内学者在生土建筑抗震方面取得了很大的成就。中国建筑科学研究院的葛学礼等人多年来对我国西南、西北地区的村镇建筑震害做了较为详尽的分析，提出了一些加固村镇建筑、提高抗震性能的实用方法，并进行了足尺和比例的生土房屋模型的振动台试验，通过实验对加固模型的抗震性能加以研究，分析了动力特性与动力反应，检验了抗震加固措施的实际效果，并初步以有限元（Sap2000）方法验证了加固措施的有效性。

新疆大学阿肯江·托呼提等人针对新疆传统生土建筑的震害进行了深入的分析和研究，建议了一些实用的抗震加固构造措施，并在此基础上提出了采用木柱梁——土坯砌体组合墙加固方案，并对这种组合墙体开展了有限元数值模拟试验研究。研究结果表明木柱梁可以大大改善生土建筑的结构延性，改善其抗倒塌的能力，为有限元方法应用到生土建筑领域打下了一定基础。

长安大学与中国建筑科学研究院都做了典型生土建筑的造价分析，分别分析了无抗震加固措施和有抗震加固措施的造价，并做了对比，得出增加抗震加固措施会增加造价5%～10%的结论，在保障结构安全的前提下，增加的造价又在村镇居民可承受的范围之内，符合经济合理的原则。

河北工业大学进行了足尺的木构架无填充墙和有填充墙的模型在周期性反复荷载作用下的拟静力试验。得出了两种模型的滞回曲线，以及屋架与木柱连接处的斜撑、铅丝在墙体与木构架共同工作时的作用，为生土建筑结构研究提供了参考。

综上可知，目前国内外关于土坯墙结构房屋抗震方面的研究还在进行之中，除了通过震害调查总结经验外，一些有针对性的试验也在相继开展，随着研究的深入和研究成果的实施转化，抗震措施将逐渐成熟和完善，土坯墙房屋的抗震性能有望得到逐步改善。

（2）生土墙体材料自身的改性研究

在生土墙体材料改性方面，国内学者也取得了很大的成就。西安建筑科技大学就传统"夯土民居生态建筑材料体系的优化"进行了夯土建筑所用夯土材料的力学性质、耐久性质、夯土材料的改性一系列研究。提出准刚性方案的设计概念，并给出夯土承重墙抗压承载力计算表达式及关键参数，在依据大量试验研究数据以及已有的土体材料本构关系理论研究基础上，提出了夯土及改性夯土材料等效荷载与变形分布曲线，建立了夯土材料及改性夯土材料等效荷载与变形分布曲线以及夯土材料单轴受压应力—应变本构模型。通过对夯土及改性夯土材料进行反复加卸荷载试验，分析了夯土材料弹性范围的应力变化，首次定量地提出了承重夯土材料的弹性模量取值范围，为夯土墙构件的刚度计算提供了参考依据。

云南昆明理工大学陶忠等人进行了夯土墙体材料的土工实验、单块土坯及土坯砌体的力学性能实验研究，介绍了试件抗压、抗剪、抗折的试验结果，分析了影响气体强度的主要因素，得出在生土料中添加植物纤维、水泥、石膏等可以改善生土力学性能的结论。为生土建筑的实验研究方法与方向提供了参考。

长安大学王毅红、刘挺等人较为系统的研究了素土、加草土、灰土、土坯及土坯砌体、土坯墙、夯土墙的物理性质和力学性能，给出了试验结果并作分析，提出了改善生土材料力学性能的方法和提高生土建筑抗震性能的具体措施，同时也给出了承重土坯墙和夯土墙的抗剪承载力公式，为生土的理论研究提供了参考，但未能取定公式中涉及的参数。

由此可见，国内学者不但对生土墙的整体性能进行了深入的研究，而且还对生土墙体材料的改性进行了深入的研究，但对生土墙体材料的改性研究主要集中在生土墙体材料整体的改性研究，对生土墙体材料的表面改性研究的较少，本书主要研究生土墙体材料的表面改性，为生土墙体材料更好的应用于生土建筑中提供了有利的保障。

3. 存在的问题

（1）生土墙体材料抗压强度、抗折强度小，力学性能较差。

（2）生土墙体材料收缩变形大，容易出现裂缝。

（3）生土墙体材料易被水侵蚀，吸水后变重，强度变低。

（4）生土墙体材料受吸湿—冻融循环的能力差。

4.1.4 生土建筑材料最新研究成果

1. 加筋对生土建筑材料性能的影响

生土墙体材料是影响生土建筑物使用寿命的主要因素，提高生土墙体材料性能的有力措施是改善生土墙体材料的力学性能，而加筋则是提高生土墙体材料力学性能的一个重要途径。

针对生土墙体材料力学性能较低的问题，通过改变掺入土坯试件中加筋材料的种类、掺量和长度制成土坯，研究了上述三个因素对土坯抗压、抗剪和抗折等力学性能的影响。结果表明，加筋材料种类、长度和加筋率对生土墙体材料力学性能有显著影响，加筋土坯生土墙体材料较素土的抗压、抗剪和抗折强度最大分别提高为40%、76%和67%。

通过向土坯中掺入外掺料的方式，研究了外掺料对土坯墙体材料的抗压、抗剪和抗折等力学性能的影响。结果表明掺入12%外掺料后的加筋土坯，相应的加筋土坯的抗压、抗剪和抗折强度分别提高了110%、58%和40%。

通过大量试验结果和加筋材料种类、加筋长度和加筋率对加筋生土墙体材料力学性能的影响规律，研究了加筋生土墙体材料力学性能的增强机理。结果表明麦秆和狗尾草加筋生土墙体材料可以较高程度提升生土墙体材料的力学性能。

2. 固化剂对生土建筑材料性能的影响

由于生土墙体材料抗压强度低、抗冻性低、抗渗性能差、水稳定性差等诸多不利因素，直接影响了生土建筑的使用年限。针对生土材料低抗压强度、低抗折强度且收缩变形大等缺点，通过掺入固化剂改善生土材料的力学性能并研究了不同固化剂掺量对生土材料力学性能的影响程度。测试了掺入固化剂前后生土试件力学性能。研究结果表明，掺入固化剂后的生土墙体材料抗压强度、抗折强度、收缩变形性能均优于未掺入固化剂的生土墙体材料。固化剂掺量在5%～20%时，随着掺量的增加生土试件抗压、抗折强度均有提高的趋势，收缩变形有减少趋势，但是掺量过高会加大施工成本。当固化剂掺量达到15%时，生土墙体材料抗压强度达到5.8MPa，抗折强度达到1.54MPa，收缩变形率为0，能够达到国家规定作为非承重墙体材料的要求。

针对生土墙体材料在使用中耐久性差问题，通过掺入固化剂改善生土材料水稳定性、冻融循环性能来提高生土试件耐久性能，并研究了不同固化剂掺量对生土材料耐久性能的影响程度，测试生土墙体材料浸水前后的抗压强度变化以及冻循环前后的抗压强度变化，研究不同固化剂掺量对耐久性能的影响。研究结果表明，未掺入固化剂的生土试件浸水后试件无法成型。掺入固化剂的试件浸水后抗压强度损失明显低于未掺入固化剂的土样且表面仅出现少数脱落现象，但仍能保持试件完整性。固化剂掺量15%时的生土试件经过35次冻融循环后，试件抗压强度损失为20%，符合生土材料作为墙体材料的性能要求。针对固化剂加固土的作用过程复杂多变，本文通过使用SEM电镜对掺入固化剂前后的生土试件的微观结构进行了分析，从压实固化以及化学固化两方面对固化机理进行了分析，研究结果表明该种固化剂对土样有很好的固化效果。

3. 防水组分对生土建筑材料性能的影响

影响生土墙体材料使用的主要因素是生土墙体材料的耐久性和强度。针对生土墙体材料强度低、耐水性差、抗冻性差以及水泥改性会改变生土墙体材料保温、隔热等问题，通过对陕西、云南、山西、甘肃、内蒙古、沈阳等六个地区的土样进行水泥全掺与面掺改性，研究改性生土墙体材料的抗压强度、耐水性、抗冻融性，以及不同改性方式与水泥掺量对生土墙体材料性能的改善程度。结果表明，水泥掺量在 4%～12% 时，生土墙体材料的抗压强度、耐水性、抗冻融性均随水泥掺量的增加而提高；水泥面掺改性生土墙体材料的性能能够达到国家规定作为非承重墙体材料的性能要求。

为了进一步改善生土墙体材料耐水性差、抗冻性差等问题，通过防水剂以及防水剂与水泥复合面掺改性方式对陕西、云南、山西、甘肃、内蒙古、沈阳等六个地区的生土墙体材料进行面掺改性，测试防水剂面掺改性和防水剂与水泥复合面掺改性生土墙体材料的抗压强度、耐水性、抗冻融性，研究防水剂面掺改性和防水剂与水泥复合面掺改性对不同地区生土墙体材料性能的改善程度，不同地区的生土墙体材料是否均可采用防水剂面掺改性和防水剂与水泥复合面掺改性。研究结果表明，单掺防水剂对生土墙体材料性能提高不大，复掺防水剂与水泥在很大程度上能够提高生土墙体材料的性能。

研究表明，水泥面掺与防水剂和水泥复合面掺改性生土墙体材料的改性方式是可行的，水泥面掺与防水剂和水泥复合面掺改性不但能提高生土墙体材料的抗压强度、耐水性、抗冻性，而且不改变生土墙体材料的自身结构、保温隔热等优点。水泥面掺与防水剂和水泥复合面掺改性后的生土墙体材料能够满足国家相关规范要求。

4.1.5　生土建筑材料制备方法

1. 夯土制备方法

（1）土料的准备和拌合，土料在掺入外加材料前，首先应进行加工处理，清除杂草树根等杂质，并将土块打碎，然后与掺合料拌和。土料和掺合料要求干态拌和，然后加水润湿，加水量一般为 11%～15%，现场检验方法是"手握成团，落地开花"。加水后要焖 5d 左右再使用，特别是掺了生石灰的土或是从山坡上运来的生土，必须有一定熟化期。

（2）支模与夯打，夯打方法是否正确是保证墙体质量的关键。在夯打前应支好模板，然后上土。夯筑围墙时每板加土不得少于两次，每层加虚土不得多于 18cm，夯实 12cm。夯筑房屋墙体时，每板加土 4 次，每层加虚土 10cm，夯实至 6cm。加土后必须用脚将土蹬平后才能夯筑。夯锤行走顺序：先夯边，后夯中，沿顺时针或逆时针方向连续进行。打夯时持夯人要站稳，身体微微前倾，用斜面夯夯边缘，一夯压半夯，用圆底夯夯墙体，每层夯 3 遍，头遍轻，一夯并一夯，夯高 30cm 左右，二遍稳，一夯压半夯，三遍狠，一夯压半夯，夯高过膝，夯锤落下后，应稍作旋转，再提夯，以免夯锤粘土。

2. 土坯制备方法

为了提高土坯的强度，一般会在土里加入稻草或者各种毛发，拌匀以后装在用木板制成的模具里，一般多为 500mm×250mm 大小，厚度 100mm。

（1）土料的准备和拌合，土料在掺入外加材料前，首先应清除杂草树根等杂质，并将土块打碎，然后与掺合料拌和。土料和掺合料要求干态拌和，然后加水润湿，加水量一般为两种，一种是 11%～15%，现场检验方法是"手握成团，落地开花"，加水后要焖 5d 左右再使用；另一种是 18%～25%，加水后要焖 1d 左右再使用。

（2）夯打与碾压，把拌好的生土放入特制的模具中，用夯打的方法使之密实成型，夯打方式与夯土墙体的方法相似。在水稻田比较多的地方，多采用碾压的方式。其工序是选一块较平整、离村不远的稻田，收了稻之后，不等田里的土太干，就用牛拉上打场用的石磙，在田里把表面的一层土碾结，碾好后，趁土还没有干，就用铁锹在土上切出一条条的缝，再用一种专用的锹，前面人用力拉，后面人掌着专用的锹，把土撮成一块块的砖。含水比较高的时候，可以把泥料放入模具，表面用抹子抹平，再经过干燥成为砖坯。另外，目前已经开始使用机械装置进行土坯的压制。

（3）草泥垛墙制备方法

草泥一般是采用沙、黏土以及各种农作物纤维材料作为基本材料，土料在掺入草前，首先应进行拣选处理，清除杂草树根等杂质，并将土块打碎，最理想的是高可塑性黏土，草：一般采用农作物茎纤维材料，如小麦、大麦、燕麦或者水稻等纤维含量丰富的谷物茎叶，也可用木屑代替农作物纤维，但一般不宜使用干草。作为墙体材料和砌筑材料使用时，农作物茎纤维材料的茎干长度一般控制在 8～16mm 之间，而作为抹面材料使用时，农作物茎纤维材料的茎干长度应该控制在 5mm 左右。一般加入一些砂来改善其收缩。

当草泥作为墙体材料和砌筑材料使用时，黏土与砂之间的比例大致为 1：1.2。其中，农作物茎纤维材料的掺加量一般控制在 5%～10% 之间，当农作物茎纤维材料的掺加量大于 10% 时，称为富纤维含量草泥。判定草泥施工性能的简易方法是将土料和草干态拌和，然后加水润湿，加水量一般为 18%～25%，加水后要焖 3d 左右再使用。纤维的草泥在搅拌好后揉一小团黏土样品放在双手之间揉搓，搓成铅笔粗细，然后把这根黏土棍折成直角型，即表示可塑性满足要求，便可进行垛墙。

4.1.6 标准及验收

1. 夯土

夯土墙体材料要求夯筑密实，尺寸均匀，墙体平直，墙面平整，夯层均匀，接缝密实，无对强度影响严重的裂缝。

2. 土坯

尺寸误差较小，无对强度影响严重的裂缝，砌筑的墙体平直，墙面平整，坯与坯之间泥浆填充饱满，墙体无裂缝。

3. 草泥垛墙

夯土墙体材料要求垛墙密实无孔，墙体尺寸均匀、平直，墙面平整，无对强度影响严重的裂缝。

4.2 生土建筑材料构造结构技术

4.2.1 结构细部分类

1. 基础与墙体

基础是生土建筑最重要的一种细部结构，基础与墙体的结构都是墙面防水的关键。一方面要受到室外地表水及雨水的侵蚀，另一方面还要受到地下潮气对墙身的影响，会导致墙体的浸蚀，对建筑安全的影响巨大（图 4-5）。

2. 门窗与墙体

门窗与墙体的细部对于生土建筑材料的受力产生影响，是裂纹产生的重点部位，并关系到门窗的启闭（图4-6）。

图4-5 基础与墙体结合部受浸蚀的情况

图4-6 门窗与墙体结合部裂缝

3. 檩梁与墙体

檩梁与墙体之间的结构细部涉及到墙体的受力，是极容易产生裂纹的位置（图4-7）。

4. 檐口与墙面

檐口与墙面的关系涉及到屋檐雨水对墙面和墙角的浸蚀（图4-8）。

图4-7 檩梁与墙体结合部裂缝

图4-8 房檐漏雨浸蚀的情况

4.2.2 构造方式的现状与存在问题

1. 国外现状

秘鲁利马天主教大学的玛西亚·布隆德特博士等人起草的《土坯房屋抗震指南》，详细介绍了土坯建筑的震害，并从土料成分、裂缝控制、添加材料、施工质量等方面分析了抗震性能的主要影响因素，并建议了一些改善土坯力学性能的方法和构件构造尺寸，最后得出合理选址、布局、采取水平和竖向构件加固措施、减轻屋盖重量并加强联结、增加房屋整体性，可提高土坯房屋抗震性能的结论。此外，玛西亚博士还专门为汶川"5·12"大地震中失去家园的人们编著了一本中文版《农民自建抗震屋图解手册》，从中可以得到很多有益于生土建筑建造的措施。新西兰的生土历史不长，但发展速度很快。目前已有涵盖土坯、冲压成型土坯、夯土墙生土建筑的3套标准，1991年开始编著并于1997年出版发行的 NZS 4297、NZS 4298、NZS 4299。NZS 4297 是生土建筑设计标准，从地震带、材料强度等级、设计方法（延性和能量设计法）、房屋高度等方面阐述了设计应遵循的原则。NZS 4298 是生土材料及工艺标准，主要介绍了土料选择、确定强度、耐久度等的标准试验方法。NZS 4299 是生土构造设计标准，介绍了生土建筑不需具体设计而必须遵循的一些硬性标准，如不同烈度区采用不同的房屋高度限值等。澳大利亚也是生土建筑很普遍的发达国家之一，自1952年建筑师乔治·米德尔顿向该国建设部呈交《生土墙建设报告》之后得到迅猛发展，并于1976年、1981年以报告为基础再版了生土建筑手册，实质上成为该国的生土建筑标准。该手册并于1987年由国家建筑技术中心出版发行，目前又在以此为基础起草新的生土手册。

2. 国内现状

目前，我国涉足于生土建筑领域的机构主要有中国建筑科学研究院、长安大学、云南昆明理工大学、西安建筑科技大学、河北工业大学、新疆大学等。中国建筑科学研究院的葛学礼等人多年来对我国西南、西北地区的村镇建筑震害做了较为详尽的分析，提出了一些加固村镇建筑、提高抗震性能的实用方法，并进行了足尺和比例的生土房屋模型的振动台试验，通过实验对加固模型的抗震性能加以研究，分析了动力特性与动力反应，检验了抗震加固措施的实际效果，并初步以有限元（Sap2000）方法验证了加固措施的有效性。西安建筑科技大学就传统"夯土民居生态建筑材料体系的优化"进行了夯土建筑所用夯土材料的力学性质、耐久性质、夯土材料的改性一系列研究。提出准刚性方案的设计概念，并给出夯土承重墙抗压承载力计算表达式及关键参数。在依据大量试验研究数据以及已有的土体材料本构关系理论研究基础上，提出了夯土及改性夯土材料等效荷载与变形分布曲线，建立了夯土材料及改性夯土材料等效荷载与变形分布曲线以及夯土材料单轴受压应力—应变本构模型。通过对夯土及改性夯土材料进行反复加卸荷载试验，分析了夯土材料弹性范围的应力变化，首次定量地提出了承重夯土材料的弹性模量取值范围，为夯土墙构件的刚度计算提供了参考依据。长安大学王毅红、刘挺等人较为系统的研究了素土、加草土、灰土、土坯及土坯砌体、土坯墙、夯土墙的物理性质和力学性能，给出了试验结果并作分析，提出了改善生土材料力学性能的方法和提高生土建筑抗震性能的具体措施，同时也给出了承重土坯墙和夯土墙的抗剪承载力公式，为生土的理论研究提供了参考，但未能取定公式中涉及的参数。

云南昆明理工大学陶忠等人进行了夯土墙体材料的土工实验、单块土坯及土坯砌体的力学性能实验研究，介绍了试件抗压、抗剪、抗折的试验结果，分析了影响砌体强度的主要因素，得到在生土料中添加植物纤维、水泥、石膏等可以改善生土力学性能的结论。为生土建筑的实验研究方向与方法提供了参考。河北工业大学进行了足尺的木构架无填充墙和有填充墙的模型，在周期性反复荷载作用下的拟静力试验。得出了两种模型的滞回曲线，以及屋架与木柱连接处的斜撑、铅丝在墙体与木构架共同工作时的作用，为生土建筑结构研究提供了参考。新疆大学阿肯江·托呼提等人针对新疆传统生土建筑的震害进行了深入的分析和研究，建议了一些实用的抗震加固构造措施，并在此基础上提出了采用木柱梁—土坯砌体组合墙加固方案，并对这种组合墙体开展了有限元数值模拟试验研究。研究结果表明木柱梁可以大大改善生土建筑的结构延性，改善其抗倒塌的能力。为有限元方法应用到生土建筑领域打下了一定基础。长安大学与中国建筑科学研究院都做了典型生土建筑的造价分析，分别分析了无抗震加固措施和有抗震加固措施的造价，并作了对比，得出增加抗震加固措施会增加造价 5％～10％ 的结论。在保障结构安全的前提下，增加的造价又在村镇居民可承受的范围之内，符合经济合理的原则。

3. 存在的问题
(1) 缺乏有针对性的细部结构设计。
(2) 施工质量不过关。
(3) 细部结构无连接，房屋整体性不好。
(4) 生土自身缺陷没有得到改善。
(5) 抗震构造措施缺乏。
(6) 细部防水没有充分考虑。

4.2.3 最新研究成果

1. 在基础与墙体方面
传统的生土建筑根据区域土质的承载能力采用不同的基础，毛石基础较多，部分地区的生土建筑甚至没有基础，仅在地上开挖较浅的基槽后直接夯筑或是砌土坯墙，这样的处理方法致使生土建筑的抗震性能极差，同时由于基础防水能力不强，基础与墙体结合部的浸蚀特别严重，为了解决这一问题，采用混凝土地梁的方式，在基础利用灰土夯实找平，在其上设置混凝土地梁，不但提高了基础的强度，改善了基础的整体性，同时也通过高出地面的地梁隔开地下与地面水对生土墙体的浸蚀，对于提高生土建筑的抗震性和防水防潮能力起到了积极作用。

2. 门窗与墙体
在门窗与墙体的接触部位，由于上部墙体的作用，容易产生应力集中，为了改善这种应力集中，过梁的设置普遍采用通过对于过梁的承载与过梁在窗口两侧搭接的尺寸的力学计算，提出搭接尺寸一般原则，在窗台防水方面，通过对窗台板下方的导流设计，使雨水通过导流而不浸蚀墙体。

3. 檩梁与墙体
传统生土建筑的檩梁通常会有一部分直接作用在墙体之上，也有一些通过木结构柱或木圈梁来传力，研究了通过采用混凝土圈梁甚至是混凝土框架结构传力改善抗震性能，对于没有条件采用这种结构的，可以垫板来分散作用力，通过对承载垫板的分力计算，提出垫板选用的一般原则。

4. 檐口与墙面
传统的屋檐由于普遍采用砖瓦的檐口，这种结构防水性能不能得到保证，雨水从砖、瓦的缝隙沿墙面浸蚀墙体，这种浸蚀的破坏性极大，目前人们开始采用石棉瓦替代砖瓦，部分地区已经开始采用彩钢瓦，防水效果得到大幅度提升。

4.2.4 施工方法

1. 基础与墙体
在处理基础与墙体结合部时，根据当地雨季的特点，确定基础通常高出地面的尺寸，如果条件允许，一般可以确定在 300 mm 以上。

2. 门窗与墙体

在门窗与墙体的接触部位，为了减少门窗洞口对墙体强度的削弱，每面墙壁上门窗洞的面积应不超过墙体面积的 40%。两侧搭接的宽度应在 10mm 以上，最好采用整体式过梁，材质可采用木材、混凝土预制板或现浇混凝土。

3. 檩梁与墙体

直接作用在墙体之上的檩梁，由于对墙体的作用集中，在施工时一般采用垫板来分散作用力，垫板可采用木材或是混凝土预制板尺寸大于檩梁直径的一倍以上为宜，这样有利于分散应力。

4. 檐口与墙面

檐口由于涉及到屋面雨水对墙面和墙角的浸蚀，一般在施工时，根据当地风力的大小，适当增加檐口伸出的长度，特别需要注意屋面与墙体接触部分的防水，一旦该部位漏水，对墙体的浸蚀非常严重。

4.2.5 标准及验收

目前我国还没有生土建筑的结构细部质量标准，在实践中可以按以下方法检查：

1. 检查基础的高度是否符合设计要求，基础与墙体结合部位是否存在裂纹，结合的程度如何。

2. 门窗位置等几何尺寸是否符合设计要求，门窗与墙体结合是否紧密，是否存在裂纹。

3. 檩梁与墙体间是否存在裂缝，垫板位置是否发生偏移，是否水平传力。

4. 檐口和墙面对应部位是否漏水，如果漏水需要重做防水处理。

第五章　住宅室内外装饰装修材料

建筑装饰装修材料经过十几年的发展，目前我国已形成门类齐全、产品配套相对完善的工业体系，基本能满足国内各层次的消费需求。但在我国村镇住宅的装饰装修中使用最多的仍是各种传统石灰浆、水泥砂浆及油漆等材料，新型多功能（保温、隔声、蓄热）装饰装修材料很少使用，一方面是因为这些新材料的价格较高，另一方面是因为农民对品类繁多的装饰装修材料的性能缺乏全面了解，尤其是环保性能及保温性能。本章介绍了多功能楼、地面材料和新型涂料在农房建设中的应用。

5.1　多功能楼、地面材料

21 世纪土木工程的主导结构形式仍是混凝土结构，随着现代工程高层化、大跨度化、大规模化发展要求的日益增加，普通混凝土本身的性能缺陷日益显著，限制了混凝土结构的发展。目前，提高混凝土的强度等级，同时降低混凝土自身重量，保护自然环境，节能降耗是国内外专家学者的研究焦点。

村镇住宅中普遍存在楼、地面材料的防潮、防水和隔热问题。本节介绍的楼、地面材料通过优化施工工艺与配方，解决了环保经济型村镇住宅楼、地面建筑材料的防潮、防水和隔热问题。

针对农村的自然资源，应充分利用它们制备多功能（隔热、隔潮、隔声、自流平）楼、地面装饰材料。轻骨料混凝土是指用轻粗骨料、轻砂（或普通砂）、水泥和水配制而成的，其干表观密度不大于 1950kg/m³ 的混凝土，也称多孔轻骨料混凝土。

5.1.1　轻骨料混凝土的分类

轻骨料混凝土按其用途可分为保温轻骨料混凝土，其容重小于 800kg/m³，抗压强度小于 5.0MPa，主要用于保温的围护结构和热工构筑物；结构保温轻骨料混凝土，其容重为 800～1400kg/m³，抗压强度为 5.0～20.0MPa，主要用于配筋和不配筋的围护结构；结构轻骨料混凝土，其容重为 1400～1900kg/m³，抗压强度为 15.0～50.0MPa，主要用于承重的构件、预应力构件或构筑物。

轻骨料混凝土按轻骨料的种类分为：天然轻骨料混凝土，如浮石混凝土、火山渣混凝土和多孔凝灰岩混凝土等；人造轻骨料混凝土，如黏土陶粒混凝土、页岩陶粒混凝土以及膨胀珍珠岩混凝土和用有机轻骨料制成的混凝土等；工业废料轻骨料混凝土，如粉煤灰陶粒混凝土、煤渣混凝土和膨胀矿渣珠混凝土等。

5.1.2　轻骨料混凝土的特点

与普通混凝土比较轻骨料混凝土具有如下独特的性能特点：

1. 比强度高：40～50MPa 的轻骨料混凝土体积密度可保持在 1700～1900kg/m³，比普通混凝土轻 1/5 左右。

2. 具有隔热、保温、保湿功能：体积密度为 1750kg/m³ 的轻骨料混凝土的导热系数大大低于普通密度混凝土的导热系数，因此从建筑节能方面考虑，采用轻骨料混凝土作墙体材料，较传统的实心黏土砖或普通混凝土可节能约30%～50%。

3. 耐火性好：耐火能力是普通混凝土的4倍。在650℃高温下，轻骨料混凝土能维持室温强度的85%，而普通混凝土只能维持35%～75%。

4. 抗震性能好：其构筑物在地震荷载下对冲击波能量吸收快，减震效果好。陶粒混凝土相对抗震系数为109，普通混凝土为84，砖砌体为64。

5. 耐久性好：HPLC具有与高性能普通密度混凝土相当的耐久性，如50～100MPa的高强轻骨料混凝土具有非常低的渗透性和良好的抗冻性。Holm等人把轻骨料混凝土的高抗渗性归结于轻骨料与水泥石之间优良的界面以及混凝土整体结构更加均匀等原因。同时，轻骨料的多孔性可以缓解水结冰而产生的膨胀应力，使得HPLC具有良好的抗冻性。

5.1.3　材料的应用现状与存在问题

自20世纪50年代中期，美国采用轻骨料混凝土取代普通混凝土，修建了休斯敦贝壳广场大厦并取得了显著的技术经济效益，使得轻骨料混凝土越来越受到了重视。如今，国外发达国家高性能轻骨料混凝土的应用已取得了丰富的经验，LC50～LC60轻骨料混凝土已在工程中大量使用，结构轻骨料混凝土的抗压强度最高已达80MPa，表观密度不大于1800kg/m^3 或2000kg/m^3。

20世纪90年代初，挪威、日本等一些国家在普通轻骨料混凝土研究与应用的基础上，先后开展了对高强、高性能轻骨料混凝土的研究，并取得了一定的成果。例如：英国采用高强轻骨料混凝土建造了北海石油平台；挪威已成功应用LC60级轻骨料混凝土建造了世界上跨度最大的悬臂桥；日本则在1998年成立了一个由18家公司组成的高强轻骨料混凝土研究委员会，专门研究粉煤灰轻骨料混凝土。1993年以来，美国每年轻骨料使用量都在350～415万m^3，其中用于结构混凝土部分在80万m^{3}左右。挪威自1987年以来，已应用高性能轻骨料混凝土施工了11座桥梁，用于6座主跨为154～301m的悬臂桥的主跨或边跨，两座斜拉桥的主跨或桥面，两座浮桥的桥墩，一座桥的桥面板。

我国轻骨料混凝土发展和应用相对较晚。有资料表明，从20世纪70年代至80年代的10年中，用于房屋建筑外墙板的轻骨料混凝土约占其总用量的50%，用于建筑砌块约占砌块的27%。但由于我国的轻骨料质量较差，所配制的结构用轻骨料混凝土密度较大而强度偏低，使其应用和发展受到限制。20世纪90年代我国轻骨料混凝土在墙体中的应用，从以高层建筑外墙板为主，改变成以高层建筑框架填充用的小型空心砌块为主的格局；而在承重结构中的应用不仅没有提高，反而有所减少，出现了近十几年来全国各地新建的万余栋高层、超高层建筑、大跨度桥梁和高速公路桥等很少应用结构轻骨料混凝土的奇怪现象。分析原因主要是国内轻骨料过多偏重于墙体材料的应用，而用于承重结构的高性能陶粒的生产与开发并没有受到重视，轻骨料混凝土发展缺乏统一的管理和协调。直至20世纪的90年代后期，在国外高强混凝土技术迅速发展的推动下，我国高强轻骨料混凝土的研究才出现新的转机，在上海、宜昌等地研制成功了高强轻骨料，也开始在桥梁工程中应用。2000年竣工的天津永定新河大桥是唐津高速公路跨越永定新河的一座大型桥梁，其总长度约1.2km的南北引桥原设计为普通混凝土PC简支空心板梁，经优化设计后用密度等级1900级的LC40级高强轻骨料混凝土取代普通混凝土，改为PC箱形简支变连续梁结

构，跨径由原来的 26m 增至 35m，桥面也采用轻骨料混凝土，共使用高强轻骨料混凝土
1.3 万 m³，是我国轻骨料混凝土用量最大，强度等级最高的轻骨料混凝土桥，使引桥造价降低 10％左右。

轻骨料混凝土研究中存在的主要问题为：高性能混凝土是集工作性、力学性、耐久性等性能为一体的混凝土。混凝土的各项性能之间既是相互联系又是相互制约的。目前高性能混凝土是发展趋势，因而人们对轻骨料混凝土的力学性能和耐久性的研究已经积累了一定的经验，但是对工作性的研究大部分还停留在认识阶段，对工作性尤其是匀质性的认识和研究还很肤浅，而工作性中存在很多问题，因此工作性的研究工作就显得很紧迫。

轻骨料混凝土工作性差使其很难满足现代施工的技术要求，由此在较大程度上限制了其应用。轻骨料混凝土工作性差主要表现在：干燥陶粒吸水会导致混凝土拌合物的坍落度很快损失，吸水率越大，坍落度损失越快，而且由于轻骨料和水泥砂浆的密度差大，易分层离析等。这是由轻骨料自身的性能特点所决定的，也正是配制高性能轻骨料混凝土的技术难点所在。

另外轻骨料混凝土的可泵性特别差。一方面，在泵压作用下轻骨料的吸水率相对常压吸水率增加较大，容易导致混凝土流动度很快降低和堵泵。另一方面，在当混凝土流出泵管后，由于泵送压力的突然释放，轻骨料内的水分又会随着压力的突然释放而"泵出"，泵出的水将冲刷骨料与水泥浆的过渡带，破坏轻骨料与水泥石的粘结，进而导致混凝土力学性能的降低和耐久性变差。

美国、挪威、英国和日本等国家在泵送轻骨料混凝土的研究方面取得了一定的进展，并进行了一些工程试用。例如，挪威在 Raftaund 桥和 Rugsund 桥采用了 LC60 泵送高强轻骨料混凝土，英国在伦敦高 50 层的 Canary Wary 塔楼也采用了泵送高强轻骨料混凝土技术。但是，除此之外，欧洲的泵送结构轻骨料混凝土数量还十分有限，且普遍泵送质量较差。美国、英国主要使用预湿轻骨料进行结构轻骨料混凝土的泵送施工，预湿程度达到 20％以上，采用这种方法在 1982 年美国就将强度为 21MPa 的泵送膨胀黏土结构轻骨料混凝上用于 75 层、305m 高的德克萨斯商业大厦。但是无论是在美国还是在欧洲，轻骨料混凝土泵送施工易分层离析、堵泵的技术难题都还没有得到有效解决，大家目前仍然在结合非结构轻骨料混凝土工程进行一些探索性实验。欧洲一些国家采取骨料常压预湿处理、加压预湿、沸煮预湿等探索，也在部分工程中应用。日本主要采用低吸水率、高性能轻骨料配制泵送混凝土，轻骨料混凝土的可泵性虽然有所改善，但是因高性能轻骨料的生产技术目前还不够完善，产量十分有限，故而并未在实际工程中得到有效应用。总的来说，研制具有良好工作性与可泵性的高性能轻骨料混凝土仍然是本领域研究的一个难点与重点。

轻骨料上浮现象一直是轻骨料混凝土领域内公认的难题之一，国内外都十分关注这一问题。G. C. Hoff，R. Elimov 研究发现引气对泵送非常有利，因此在混凝土泵送施工中常加入引气剂。欧洲在非结构轻骨料混凝土的泵送施工中也积累了一定经验，使用稳定剂和高效减水剂获得可泵性，泵送距离为 20～80m。美国、英国主要对骨料进行预湿处理，减小其在水泥砂浆中的吸水量，实现泵送施工（骨料含水率一般为 6％～8％）。而日本主要使用吸水率小于 3％的轻骨料，不经预湿处理配制出 28d 强度 80MPa、干表观密度小于 2100kg/m³ 的高强泵送混凝土[16]。

我国对这一热点问题也进行了大量研究，取得了一些成果，并有些已应用于工程。有

文献采用 1h 吸水率为 9.2% 的陶粒，运用浸渍处理的方法使陶粒表面黏附憎水溶液，使吸水率明显降低，1h 吸水率只有未处理的 15%，明显改善了工作性而且强度并未降低，还有文献采用 1h 吸水率为 6% 的页岩陶粒，掺入适量的粉煤灰配制出强度等级为 LC30～LC40，表观密度为 1700～1900kg/m³，压力泌水率小于 40% 的混凝土，又有应用高效减水剂和矿物掺合料复合技术配制和生产出坍落度大于 240mm、扩展度达到 650mm 以上的 LC60～LC80 高强普通密度混凝土。但是，目前还缺少准确评定轻骨料混凝土工作性的方法，如何全面评价工作性尚无定论。

5.1.4 最新研究成果

国外研究成果：美国 1913 年研制成功页岩陶粒（国外又称膨胀页岩），很快就用它配制成抗压强度为 30～35MPa 的轻骨料混凝土，应用在房屋建筑、船舶制造和桥梁工程中，至 1920 年，已用它建造了 10 多座桥梁。到了 20 世纪 50 年代以后，轻骨料混凝土在结构工程上的应用更是得到了巨大的发展，闻名于世的高 218m 的贝壳广场塔楼，就是 20 世纪 60 年代末用轻骨料混凝土建造的。

20 世纪 80 年代初，美国的轻骨料混凝土已在 400 多座桥梁工程中应用。到了 20 世纪 80 年代轻骨料混凝土发展达到了鼎盛时期，主要用于高层、大跨建筑结构构件、砌块、墙板和承重砌块。目前采用堆积密度 1000kg/m³ 左右的粉煤灰陶粒配制全轻混凝土，其抗压强度可达 70MPa，采用高效外加剂配制的砂轻混凝土其强度可达 100MPa。

日本是在第二次世界大战后才大力发展人造轻骨料，1970 年达最高峰，不仅用于建造民用与工业建筑，还在城市、公路、铁道、桥梁及海洋构筑物（含采油平台）中广泛应用。日本现在主要有两类高性能轻骨料，一类是颗粒密度约为 1800kg/m³，1h 吸水率小于 3% 的高强粉煤灰陶粒，不经预湿，可配制出强度为 80MPa，表观密度小于 2100kg/m³ 的高强轻骨料泵送混凝土；另一类是颗粒密度约为 850～1200kg/m³，1h 吸水率小于 3% 的超轻高强陶粒，不经预湿，可配制出强度等级 LC30，表观密度小于 1250kg/m³ 的高强轻骨料泵送混凝土，用于预应力桥梁上。在日本的钢结构高层建筑建造中，基本上都使用了高强轻骨料混凝土。目前，日本正在研究钢纤维增强轻骨料泵送混凝土和自密实高性能轻骨料混凝土。挪威是世界上结构轻骨料混凝土和高强混凝土应用最先进的国家之一。

自 1987 年以来，已经用轻骨料混凝土建造了 11 座桥梁，其中 6 座为中跨 154～301m 的用悬臂法施工的弓形箱梁桥。1999 年建成的 2 座（Stolma 桥和 Raftsund 桥）中跨分别为 301m 和 298m 的桥梁，是当今世界上用预应力轻骨料混凝土建造的跨度最大的桥梁。混凝土强度等级为 LC55～LC60，所用的轻骨料是堆积密度为 700～800kg/m³，1h 吸水率为 6%～15% 的陶粒。另外，一种被称为 MND 混凝土（Modified Normal Density Concrete）曾用于钻井平台的建造。它指以轻骨料代替部分普通粗、细骨料的混凝土，密度为 1800～2200kg/m³，强度为 40～50MPa，弹性模量为 26～31GPa 的中高强、中密度的混凝土，它有利于提高比强度，减少运输成本，增加低水胶比（小于 0.4）浆体的水化程度，同样单位立方米混凝土的原材料成本增加有限，力学性能基本不下降或只略微下降。实际上，近几年来世界上几座著名的轻骨料混凝土结构物都属于 MND 混凝土。例如：Heidrun 拉腿式（TLP）浮体石油平台（1995）、Hibernia 石油平台（1996）、Troll Oil 和 TrollWest GBS 石油平台（1995）。

在国外高强轻骨料混凝土技术发展非常迅速，如今已有大量工程使用了 LC50～LC60 的高强轻骨料混凝土。LC75 的轻骨料混凝土也已在工程上大量应用，LC60～LC95 的轻骨料混凝土已开始在工程上应用。1995 年和 2000 年两次在挪威召开"结构轻骨料混凝土"国际学术会议，挪威、德国、荷兰、日本等国处于领先地位。在国外，高强、高耐久的轻骨料混凝土在结构工程中占有重要位置，研究范围广，应用多，特别是在不良地基上建设高层建筑、大跨度桥梁、隧道、海洋平台等需要降低建筑物自重以及需要良好耐久性的场合。

国内研究成果：20 世纪 50 年代我国刚开始研究人造轻骨料时，无论是对其在非承重的预制墙板上的应用，还是对其在承重的屋面板、楼板应用的研究都较重视。虽然轻骨料混凝土的强度等级最高只有 20MPa，但已开始在承重的墙体和楼板上应用。1960 年在河南平顶山我国建成了第一座轻骨料混凝土大桥——湛河大桥。1965～1968 年，在宁波和上海之间又建造了三十多座中、小型预制箱形预应力公路桥，南京长江大桥和九江、黄河大桥的部分桥面板先后也应用了轻骨料混凝土。但是，当时兴建的所有桥梁中，桥型单一，跨度较小，跨度最大仅 23m，且工程所使用的轻骨料混凝土强度等级普遍低于 LC30，施工质量较差，与同时期国际水平相比，相差甚远。

至 1975 年轻骨料的生产有了一定的规模，生产厂家发展到十几个，轻骨料及其混凝土的研究取得一定成绩。例如天津建筑科学研究所等单位在实验室用高强粉煤灰陶粒配制出 LC40 干硬高强轻骨料混凝土。1975 年以后，随着我国建筑工业化和墙体改革的深入，轻骨料的生产和应用有了较大发展，天然轻骨料开始大量开采和利用。

20 世纪 80 年代末和 90 年代初，认识上出现偏差，宏观上缺乏正确引导，轻骨料主要发展超轻型的，轻骨料混凝土也主要用做一些非承重结构，而很少用于结构工程。因轻骨料造价较高，在非结构工程中的应用经济效益不显著，所以大量轻骨料生产厂家被迫停业或转产，从而使我国轻骨料混凝土的发展由此陷入长达十年的低谷。出现了近十年来，全国各地新建的大量高层、超高层建筑，大跨度桥梁和高架桥、高速公路桥、立交桥等很少采用轻骨料混凝土的奇怪现象，错失了千载难逢的发展机遇。

直至 20 世纪 90 年代后期，在国内外高强混凝土技术迅速发展的推动下，我国高强轻骨料混凝土的研究与应用才出现新的转机。1994 年 10 月，我国第四届轻骨料及轻骨料混凝土学术讨论会在济南召开，很多代表大力呼吁"应注意开发高强陶粒"。随后，1997 年 10 月在常州召开的第六届学术讨论会上，又围绕高强陶粒的研究、开发与应用交流，进一步探讨了其发展的可行性。随后在上海、宜昌、哈尔滨等地高强陶粒研制成功。高强陶粒的质量完全符合国家标准的要求，其技术指标已达到或超过国外某些老牌的高强陶粒的水平，并已在工程中应用。2000 年在天津，用强度等级为 LC40 的轻骨料混凝土建成了一座预应力多跨连续箱形桥梁——永定新河桥引桥。全长 1500m，每跨最大跨径为 35m，是我国轻骨料混凝土用量最大、强度等级最高的桥。2001 年，在北京的健翔桥扩建、新芦沟桥的改造工程和蔡甸汉江大桥的桥面铺装工程也采用了高强轻骨料混凝土，取得了很好的技术经济效果，展现出我国的高强陶粒具有很好的发展前途[9]。

目前，我国轻骨料混凝土的应用仍主要用于低强度的非承重结构，如生产小砌块。在高层建筑和大跨度的桥梁中应用与国外相比还很少，虽然现在也能配制出抗压强度达 70MPa 的结构轻骨料混凝土，但在工程中实际只用到 LC40。在桥梁工程中的应用近几年虽有所突破，但最大跨度仅达 35m。全用轻骨料混凝土的工程（包括桥梁、桥面板、承台、桥墩、基础）和在旧桥改造（修复、加固、加宽等）中应用仍然很少。在采油平台、水上漂浮物、船坞等特殊工程中应用更未见报导。高强轻骨料新品种、高性能轻骨料的研制和应用进展缓慢。在工程施工中，混凝土的浇灌技术，南京等地成功的尝试泵送施工，但大量轻骨料混凝土仍采用常规的方法，泵送混凝土技术应用很少，尚未能适应现代化施工的要求。

5.1.5 标准及验收

对高性能轻骨料混凝土的物理力学性能、体积稳定性、抗冻性和抗硫酸盐侵蚀性能进行了系统研究，综合分析了各种性能的影响因素及其作用规律，为制备高性能轻骨料混凝土提供了重要的参考依据。

1. 新拌轻骨料混凝土的工作性能：新拌高性能轻骨料混凝土拌合物的工作性能主要包括流动性、抗分层离析性能和黏聚性。具有良好工作性能的高性能轻骨料混凝土在施工操作过程中具有大的流动性，不易产生分层离析或泌水现象等，以使其容易获得质量均匀且密实的混凝土结构。

流动性是指新拌轻骨料混凝土在自重或者是机械振捣力的作用下，能产生流动并均匀密实的充满模板的性能。在外观上表现为新拌轻骨料混凝土的稀稠，直接影响其振捣施工的难易和成型的质量。

黏聚性是指新拌混凝土内部组分具有一定的黏聚性，在运输和浇筑过程中不发生分层离析现象，使混凝土能保持整体均匀稳定的性能。

保水性是指新拌混凝土具有一定的保持内部水分的能力，在施工过程中不产生严重的泌水现象。

2. 高性能轻骨料混凝土的力学性能：混凝土的强度包括抗压强度、抗拉强度、抗弯强度和与钢筋的粘结强度等。一般混凝土的强度越高其刚性、不透水性，抵抗风化和某些介质侵蚀的能力越强。混凝土的抗压强度是结构设计的主要参数，也是混凝土的质量评定和控制的主要技术指标。

高性能轻骨料混凝土力学性能以混凝土立方体抗压强度来评价，按《普通混凝土力学性能试验方法》（GB/T 20081—2002）进行测试。试块统一采用 100mm×100mm×100mm 试模，标准养护，测定龄期为 3d、28d 的抗压强度。试验结果乘以换算系数 0.95，换算为标准试验结果。

轻骨料内部有大量的孔隙，不仅会使轻骨料混凝土重量减轻，导热系数减小，保温性能提高，而且还可改善骨料表面与水泥砂浆的界面粘结性能，并改善混凝土的物理力学变形协调能力。尽管轻骨料混凝土的单方造价比相同强度等级的普通混凝土高，但由于其可以减轻结构自重、缩小结构断面、增加使用面积、减少钢材用量、降低基础造价，因而具有显著的综合经济效益。

发达国家现今比较重视高性能轻骨料及其混凝土的研究和应用，并且大多用于建造高层、大跨度和大体积的土木工程中，取得了良好的经济和社会效益。

轻骨料混凝土除了轻质的特性外，其保温隔热、耐火、隔声及抗震等性能也是普通混凝土无法比拟的。在高层、大跨度结构不断发展的今天，在对建筑节能环保要求不断增强的 21 世纪，轻骨料混凝土有着广阔的发展机遇和前景。

5.2 外墙涂料

建筑涂料是公用与民用建筑中常见的装饰材料。它不仅可以使建筑物的内外整齐美观，还具有保护被涂覆建材，延长其使用寿命和改善建筑物内外使用效果的功能，这对美化生活、美化环境起着重要的作用。建筑涂料与面砖、玻璃幕墙、装饰石材等外装饰材料相比，具有施工翻新简便、可保持建筑物的新鲜感、自重轻、无安全隐患等许多明显的特点和优点。建筑涂料是以有机高分子聚合物为主要成膜物质，加入助剂、颜填料、分散剂等，经配料、搅拌、研磨等工艺制成的一种建筑物饰面材料。

5.2.1 外墙涂料的分类

外墙涂料的品种较多，大致可以分为无机高分子涂料、溶剂型涂料和水性乳胶涂料三类。

1. 无机高分子涂料

该涂料主要是以碱金属硅酸盐和硅溶胶为主要成膜物质，再加入适量的有机合成树脂乳液，并选用能满足耐候性能要求的颜料、填料和适当的助剂制成。可分为有碱金属硅酸盐类涂料和硅溶胶涂料两种，主要用于建筑物外墙面。

该类涂料的优点是：资源丰富，价廉，涂料生产工艺简单，易于涂装，施工无污染。常温蒸发失水干燥成膜且易干燥。涂料耐候性、耐光性好，与基层的附着力优良，在外墙面长期使用耐老化、不掉粉、不脱落。它的缺点是涂料的流动性不好，涂抹质脆易裂。这类涂料多采用刷涂、喷涂方法涂装，在墙面上形成薄质平面涂层。

2. 溶剂型涂料

该涂料主要以合成树脂为基料，以有机溶剂为分散介质制成。该类涂料主要用于建筑物外墙面，也可以用于户外建筑构件，如栏杆、挂板等的涂装。一般是采用喷涂和刷涂方法涂装。

该涂料的优点是：涂膜具有良好的耐温度变化性能，抗寒、抗热，而且涂膜耐候性良好，保光、保色，抵抗日照风吹，使用寿命长。涂膜与外墙表面附着良好；涂膜装饰效果良好，外观长期不变；涂膜致密，具有优良的机械性能，弹性与底材适应，经受外力冲击，表面耐污染。该涂料施工方面，常温甚至较低温度也能干燥。该涂料能够良好地阻隔水、气等物质侵蚀，涂料的耐水性、抗雨、抗雪性能良好。但也有一些缺点，该类涂料使用大量溶剂，消耗能源；溶剂挥发到大气中会污染环境，在施工中以及施工后的短时期内，溶剂会对人的健康有危害；所以施工时底材必须彻底干透。常用的溶剂型外墙涂料有5种：有机氟树脂类、有机硅树脂类、聚氨酯类、氯化橡胶类和丙烯酸酯类。

3. 水性乳胶涂料

该类涂料由合成树脂乳液、颜料、填料、助剂和水组成，以合成树脂乳液为成膜材料。这类涂料一类是用于建筑物外墙面涂装的合成树脂乳液外墙涂料，另一类是用于建筑物内墙面、顶棚等涂装的合成树脂乳液内墙涂料。该类涂料分为丙烯酸酯和乙烯树脂乳液系。丙烯酸酯系涂料可分为纯丙烯酸酯类、苯乙烯—丙烯酸酯类和乙酸乙酯—丙烯酸酯类。乙烯树脂乳液系涂料可分为聚乙酸乙烯类、乙酸乙烯—叔碳酸乙烯脂类和 VAE 类。

水性乳胶涂料的优点有很多：在常温下靠分散介质（水）的蒸发和乳液粒子聚结干燥成膜。表干快，一天内可以施工 2～3 道，施工工期短。施工方便，施工时无有毒气体产生，不燃烧，使用安全，污染环境小。涂膜为热塑性，有透气性，不会起泡，特别适合于为干透的新墙使用。涂膜质感丰满，从无光到半光，装饰性都优于无机材料。涂膜能满足内、外墙面保护性能的要求。该涂料耐日光和紫外线，长期保光、保色，还具有优良的耐候性；不易粉化，不易起裂纹，耐雪、雨侵蚀，有良好的耐水性。

水性乳胶的缺点：涂膜受环境温度影响，遇高温回黏，容易被灰尘附着，难于清洗，不能得到像溶剂型涂料的高光涂膜。涂料流平性、装饰性不如溶剂型涂料，涂膜易产生刷痕，外观不够细腻，有大量微孔出现易吸尘。施工表干虽快，但达到实干需要几天，干燥过程长，发黏，易污染。并且施工环境温度不能低于其最低成膜温度，低温施工涂膜将受到影响。

5.2.2 外墙涂料的选用原则

外墙涂料在选用时，首先应根据设计所要求的涂层的耐久年限、建筑物档次和施工环境等，确定外墙涂料的品种；再根据其技术性能指标及做法确定品牌，确定该涂料应同时具有的耐候性、耐洗刷性、耐沾污性等主要技术性能指标。对技术性能的主要要求是"三高一低"，即高耐候性（含保色性及光泽保持率）、高耐沾污性、高耐洗刷性和低毒性。

1. 选择耐候性较好的涂料品种

涂层在大自然中受到光照、湿气、臭氧、雨水等各种外界因素共同作用，使得涂层随时间推移而老化、破坏，其具体表现为变色、粉化、表面光泽度下降、起泡、裂纹、剥落。

采用人工加速老化实验模拟自然老化进程的方法可以判断涂层耐候性能，但由于使用地区自然气候变幻莫测，其定量关系很难确定，并且配方相同、颜色不同的涂膜，其耐候性亦不尽相同。一般情况下：抗粉化性以蓝色为优，白色较差；而保色性则以深蓝色、黑色为优，红色较差，在设计选色的时候，应该加以考虑。

虽然人工老化的时间与耐候年限无法准确对应，但为了方便选材，不得不给出一个粗略的估计。可以假定人工老化 250h 与耐候性 2 年相对应；500h 与 4 年相对应；1000h 与 8 年相对应。

一般来讲，高层、超高层建筑以及高档建筑在选用建筑外墙涂料时，均应选用高耐候性的，而且最好是弹性涂料。高层建筑外墙涂料耐候性应在 8～15 年，与之对应的涂料品种有纯丙乳胶漆、硅丙乳胶漆及超耐候性丙烯酸外墙漆；超高层建筑耐候性应在 15～25 年，相对应的涂料品种有超耐候性丙烯酸有机硅共聚树脂涂料及氟树脂涂料。

在高耐候性涂料中，其性能高低单从人工加速老化试验来判断，还不足以令人信服。因为在人工加速老化试验中所用氙灯的紫外线光谱能量分布与太阳的光谱能量分布大不相同。它的特点是粉化现象相似，而变色则有较大失真，因此国外均设置室外曝晒厂，进行大气老化试验。

2. 选择耐沾污性较好的涂料品种

对于高性能建筑外墙涂料来说，耐沾污性也是一个重要指标，否则肮脏的表面没有装饰效果可言。建议乳液型外墙涂料的耐沾污性指标应小于 15％（白度损失率），溶剂型涂料耐沾污性指标则应小于10%。对于高层或超高层建筑来说，其耐沾污性指标则尽可能不大于5%，这就有必要采用较好的溶剂型涂料、硅丙涂料或氟树脂涂料。

一般来讲，质量较好的外墙乳胶漆必须是交联结构的。普通的乳胶漆都属于热塑性乳胶漆，其干燥是由于涂层中水分蒸发，乳胶等粒子的堆积、挤压而固化成膜，分子链中没有发生化学反应，因此涂层整体性不够，在许多性能上不是很好，如：硬度、耐沾污性、耐磨性、抗张强度、耐溶剂性、耐化学品性等。为了进一步提高这些性能，现已发展了常温交联型的热固型乳胶漆。乳胶漆中的交联聚合物，可以增加涂膜硬度，提高其耐沾污性。生产高弹性乳胶漆乳液的玻璃化温度 T_g 很低，使涂膜在使用状态时常处于高温侧，即橡胶区，交联可以增加其表面硬度，使其具有较理想的耐沾污效果。另外，在非弹性涂料配方中，有意识地选择玻璃化温度较高的乳液，并采用超细填料增加涂膜的表面平整性，提高涂料的流平性等，对于提高外墙涂料的耐沾污性有很大的作用。

在耐沾污性能最好的涂料中，有利用微粉化功能自洁的超耐候性丙烯酸外墙漆（PLIOLITE类涂料）、高耐候性丙烯酸有机硅共聚树脂涂料及氟树脂涂料等，而耐沾污性能较佳的水性涂料，是微结构有机硅乳胶漆，它得益于仿生学的应用。

3. 选用低毒性涂料品种

绿色安全、环保是建筑涂料发展的主要方向。《环境标志产品技术要求　水性涂料》（HJ/T 201—2005）是：

（1）产品中的挥发性有机物（VOC）含量应小于250g/L；

（2）产品生产过程中，不得人为添加含有重金属的化合物，总含量应小于500mg/kg（以铅计）；

（3）产品生产过程中不得人为添加甲醛及其甲醛的聚合物，原产品含量应小于500mg/kg。

水乳型建筑外墙涂料，主要品种有纯丙类、硅丙类和水性聚氯酯等。

溶剂型涂料大多具有较好的耐候性及耐沾污性，但环境污染严重。当今主要发展方向是环保型不含或少含芳香烃等危害人类健康化学物质的溶剂型涂料。国内现在大力发展的采用PLIOLITE树脂的超耐候性丙烯酸外墙漆，即用脂肪烃为主的石油烃溶剂的固态丙烯酸树脂为基料，其固含量高达60%～65%，VOC低，具有高耐沾污性和高耐候性。

4. 根据建筑物档次选择涂料品种

高档建筑外墙涂料适合选择光泽保持率高的品种（国家标准还没有此项要求，但国外涂料以及国内的部分厂家的高档涂料有此项要求）。为确保外饰面的涂装质量，选用的最低档次外墙涂料品种为苯丙外墙乳胶漆。暂不考虑纯无机涂料。当涂料品种用于较高档次建筑，但其主要技术性能指标达不到相应档次的要求时，只要技术经济性合理，允许降低档次使用。

5. 根据涂层的耐久年限选用

当涂层的耐久年限为2～5年时，可选用苯丙乳胶漆（对中、高层建筑，适宜选用交联型）；当涂层的耐久年限为5～8年时，可选用纯丙乳胶漆；当涂层的耐久年限为8～15年时，可选用硅丙乳胶漆、超耐候丙烯酸外墙漆等；当涂层的耐久年限为15～25年时，可选用高耐候性丙烯酸有机硅共聚树脂涂料，常温固化墙面用氟树脂喷涂涂料等。

6. 根据施工环境条件选用

如气温低于5℃时，禁止选用乳液型外墙涂料，应选用溶剂型外墙涂料。

7. 注意禁用的外墙涂料

在外墙涂料饰面装修中，不允许使用聚乙烯醇缩甲醛及其性能相同的涂料、聚醋酸乙烯均聚物乳液类（含EVA乳液）涂料、氯乙烯—偏氯乙烯共聚乳液外墙涂料。

8. 根据当地的气候条件选用

临海城市的建筑物要着重选择耐盐雾性好的涂料；耐酸雨性质的外墙涂料多用于酸雨污染的地区；南方多雨地区应选择防藻、防霉性能好的外墙涂料。外墙涂料的耐洗刷次数应达到1万至2万次以上。

9. 根据涂料使用寿命的选用

多层住宅及一般工业建筑和公共建筑的外墙装饰使用寿命期5年以上的建筑涂料为佳，高层建筑使用寿命10年以上的建筑涂料为好。

10. 涂料颜色的选用

外墙涂料选用较深或较暗的颜色为佳，一方面显得建筑物沉稳大方，另一方面较暗颜色的涂料多为无机颜料配制的，而无机颜料的耐候性比有机颜料好，所以褪色也较慢。另外，为确保颜色一致，同一建筑物应选用同批次的涂料。

11. VOC含量要符合国家标准

选用涂料时应看产品是否达到国家有关VOC控制的规定，产品中的挥发性有机物（VOC）含量应小于250g/L；另外还看是否有更高要求的环境标志认证，该认证标准要求总有机挥发物含量TVOC≤100 g/L。

12. 最好选用名牌或有品牌的产品

同类产品中优先选用标有国家环保产品标志的，并要求经销商出示产品检测报告和产品合格证书，最好是省级以上检测部门出具的近期国家抽检的检测报告。

5.2.3 外墙涂料的应用现状与存在问题

1. 外墙涂料的应用现状

在国外，涂料工业的两大支柱之一就是建筑外墙涂料业（另一支柱是轿车制造业），特别是在日本、美国和西欧等经济发达的国家，建筑涂料在涂料中所占的比例是很大的。美国不仅是涂料工业最发达的国家之一，而且还是世界上建筑涂料占涂料总量比例最大的国家。在1996年，外墙装饰材料中涂料占45%。世界涂料生产大国日本，年产量居世界第二位，仅次于美国，西欧位居第三。西欧、日本、美国等国家在1994年外墙涂料的使用已占饰面材料的50%～60%，近几年已经占到了90%。在日本，高层建筑所用高级外墙涂料占80%，可见建筑涂料在美国、日本、西欧等国的外墙装饰中得到了广泛应用。目前，全世界建筑涂料产量正以3.4%的年增长率增长，大量使用建筑涂料来装饰建筑物，已成为国外建筑装饰的潮流。

在我国，建筑涂料工业起步较晚，但是在20世纪80年代以后却得到较快的发展，在发达国家成功经验的基础上，我国的建筑涂料从低档产品到高档产品、从单一品种到多品种的配套技术、从传统的平状薄型向复层厚质等高装饰性、高性能型过渡，形成了高、中、低档建筑涂料品种。近年来，我国的建筑涂料行业总体呈现上升的趋势，2002年全国建筑涂料的产量超过 150 万 t，2003 年产量超过 170 万 t，2004 年产量为 180 万 t，一跃成为世界第二，仅次于美国。目前外墙涂料列为继塑料管、塑料门窗和建筑防水之后的又一重点推广产品。总体来说，我国建筑外墙涂料的发展趋势和国际发展的大趋势是相符的。由于我国各地企管部门就应用外墙涂料的文件先后出台或正在拟订有关政策，另外，我国在今后的几年里都有大量的工业与民用建筑的基建规模和维修工程，以及人们对外墙涂料在外墙装饰中的优势的认识不断加深等诸多因素，我国外墙涂料的用量在未来的几年里将会大大增加。

目前在我国，建筑涂料人均消费量勉强能够达到发展中国家的消费水平，只有发达国家的十分之一到几十分之一。由此可以看出，我国建筑涂料有非常广阔的发展潜力和推广市场。世界上几乎所有大型涂料公司均已在中国登陆，我国面临着更好的机遇与挑战，相信外墙涂料在这大好的形势下，将会有突飞猛进的发展。

2. 外墙涂料存在的质量问题

基于外墙涂料具有施工简便、色彩丰富，对建筑物有很好的装饰和保护作用的特点，所以在建筑外墙面装饰中得到了广泛应用，很多的新建房屋和翻新建筑的外墙装饰都采用了外墙涂料。但是，在外墙涂料工程完工后一段时间内，涂层会出现表面污染、起皮脱落、开裂等现象，成为外墙涂料的质量通病，直接影响了建筑物外立面的美观，同时也影响了外墙涂料的推广应用。

(1) 涂层表面污染

灰尘等污垢附着在涂层表面上就会形成污斑，严重影响建筑物的形象。

由于建筑物檐口、窗台底部等部位没有做滴水线，而且女儿墙顶、阳台压顶等部位也没有做向内倾斜的泛水，造成下雨时雨水夹带积灰顺墙面流淌下来。雨水的浸泡能够使涂层软化，从而使污染物吸附在涂层上，形成表面污染。另外一些建筑物在容易受到污染的部位采用白色，使得污染看上去更加明显。还有一种可能就是建筑物没有定时清洗，使污染越来越严重。

(2) 涂层起皮脱落

土层与基层失去应有的粘结力，造成涂层成片起皮脱落。由于工期等原因，抹灰基层没有经过足够的养护期就进行涂装了，基层的含水率过高、pH 值太大，导致了涂层与基层的粘结力略有降低。另外基层表面有浮浆、油污等污染物未被清除，所以涂层与基层粘结不牢固。特别是对于旧建筑物翻新的工程，有的涂装施工队不管墙面基本情况是怎样的，连基本的清洗都不做，直接进行涂装，结果完工不久后，就出现了涂层起皮剥落的现象。还有，没有使用与涂料相配套的腻子，腻子粘结强度很低，腻子刮得太厚，涂料一遍涂装太厚或两遍间隔时间太短。

(3) 涂层开裂

涂层出现大量纵横交错、不规则的裂缝。涂层裂缝轻者影响建筑物外观，重者将引起外墙渗漏。引起涂层开裂的主要原因有两个：一是抹灰基层质量控制不严，由于抹灰基层开裂导致涂层开裂；二是腻子强度太低或者腻子层太厚，腻子层开裂引起涂层开裂。

5.2.4 外墙涂料最新研究成果

1. 隔热涂料

隔热涂料是一种新型的功能性涂料，它能够有效地阻止热传导，降低表面涂层和内部环境的温度，从而达到改善工作环境，降低能耗的目的，因而广泛应用于建筑外墙、船舶甲板、汽车外壳、油罐外壁和军事航天等领域。建筑隔热涂料根据隔热机理和隔热方式分为阻隔型隔热涂料、反射型隔热涂料和辐射型隔热涂料三类。

(1) 阻隔型隔热涂料

阻隔型隔热涂料的隔热机理比较简单，是一种通过热传递的阻抗作用实现隔热的被动式降温涂料。一般采用低导热率的组合物或在涂膜中引入热导率极低的空气，以获得良好的隔热效果。阻隔型隔热涂料，通常具有堆积密度比较小、导热性能低、介电常数小、耐化学腐蚀性强等特点。选择耐候性好、韧性好、成膜性好的基料，并辅以合适的分散剂、阻燃剂、成膜助剂等，使隔热骨料粘结在一起，涂覆于设备或墙体的表面形成具有一定厚度的保温层，从而达到隔热保温的功能。

(2) 反射型隔热涂料

通常太阳的辐射光谱分为 3 个光谱区：紫外区 $0.2\sim0.4\mu m$，占太阳能量的 5%；可见光区 $0.4\sim0.72\mu m$，占太阳能量的 45%；近红外区 $0.72\sim2.5\mu m$，占太阳能量的 50%。由此可见，太阳能量主要集中在波长为 $0.4\sim1.8\mu m$ 的可见光和近红外区。因此，如果研制的反射型隔热涂料在此波长范围内对太阳辐射的反射率越高，涂层的隔热效果就会越好。反射型隔热涂料就是通过选择合适的树脂、金属或金属氧化物颜料、填料及生产工艺，制得高反射率的涂层来反射太阳热，从而达到隔热降温的目的。

(3) 辐射性隔热涂料

通过辐射的形式把建筑物吸收的热量以一定的波长发射到空气中，从而达到良好隔热降温效果的涂料称为辐射隔热涂料。为了得到良好的红外辐射效果，首先必须使红外辐射能顺利地穿过大气层发射到外层空间。大气层的红外辐射主要来源于大气中的水蒸气、二氧化碳和臭氧及悬浮微粒，其中起主要作用的是水蒸气和二氧化碳。在波长为 $8\sim13nm$ 的区域内，水蒸气和二氧化碳的吸收能力较弱，这样就使大气层对 $8\sim13.5nm$ 的红外辐射有很高的透过能力。因此，要使涂料在 $8\sim13.5nm$ 波段内有高的发射率，必须加入此波段范围具有高峰吸收值的物质，增强辐射涂层在此波段范围的辐射能力，红外辐射物吸收了辐射热能而改变和加剧分子内部的运动，使粒子能级产生从高到低的热发射，从而降低被辐射物的温度。

2. 长效耐候性涂料

(1) 氟涂料

以氟树脂为基料配制的氟树脂涂料，是长效耐候性涂料之一。氟树脂及氟涂料具有优异的综合性能，如优良的耐热性、耐化学性、高度不沾污性和低的摩擦系数。特别引人注目的是其长效耐候性，通过人工老化试验、户外曝晒方法，证明氟树脂膜的耐候性可长达 20 年之久。美国、日本等国先后开发出多种类型的氟涂料。日本 SKK 株式会社生产的硬质型、弹性型两种氟涂料具有优越的性能：光泽度达 80%，粘结强度分别达到 2.36MPa、1.32MPa，弹性型氟涂料的拉伸率在 20℃时达 140% 以上，即使在 −10℃ 仍可达 35％以上。适用于高标准要求的超高层建筑及高层、多层建筑外墙的装饰。

（2）叔碳酸乙烯酯共聚乳液涂料

叔碳酸乙烯酯共聚乳液是英国壳牌化学公司 30 年前研制开发的产品。其综合性能优良，目前在日本、东南亚及欧洲的建筑涂料中已经得到广泛使用，但国内尚未规模生产。在叔碳酸乙烯酯的聚合体中 3 个烷基取代基产生位阻及屏蔽效应，使得共聚乳液有着特殊的性能：

① 优越的耐碱性，其乳胶漆可以直接用于水泥、石棉等碱性基材上；

② 优异的耐老化性能，由它制成的涂层历经 10 年以上曝晒而不破坏，远优于聚醋酸乙烯乳液、醋丙乳液及苯丙乳液等制成的涂层；

③ 优良的抗裂性，由它配制的涂层不易发生龟裂，有很好的抗裂缝性能；

④ 成膜温度低，共聚物辅以适当的成膜助剂制成的乳胶漆，成膜温度为 3℃左右，便于冬期施工。

3. 我们的研究成果

基于当前水性外墙涂料实际使用中存在的主要问题：褪色、保色性差、脱落、掉粉现象，沈阳建筑大学课题组提出了实际有效的改善方法，研究制备了一种高品质高耐候性阻燃型外墙涂料。

涂料褪色、保色性差主要是由于太阳光中紫外线的破坏作用，沈阳建筑大学提出了在涂料中添加集耐紫外线及阻燃于一体的多功能助剂，该多功能助剂为镁铝水滑石类，镁铝水滑石具有良好的结晶度及结构规整度，具有对短波紫外线很强的吸收性，镁铝水滑石与纳米二氧化钛复合使用能使涂料在整个紫外光区都具有良好的吸收性。

以氧化—还原引发体系在室温下制备了外墙涂料用基料——苯丙乳液，氧化—还原引发体系可实现乳液低温聚合，通过降低反应温度，节约生产成本，同时达到了环保节能的目的。

以苯丙乳液与无机物硅溶胶冷拼复合的方法来提高涂膜的附着力，解决了涂料脱落、掉粉等问题。通过研究不同配方下涂料的性能变化确定了苯丙乳液与硅溶胶复合的最佳质量比为 6∶4，涂料的最佳颜基比为 2∶5，多功能助剂镁铝水滑石的最佳添加量为 3％。镁铝水滑石的加入还使涂料具有优良的阻燃性能。

第六章 厨卫材料及产品

住宅厨卫材料及产品对于居民的生活质量有巨大的影响。我国目前大部分农房的住宅厨卫材料及产品极其落后，厨卫条件相对较差，影响到农村居民的生活质量和身体健康，社会主义新农村建设旨在提高农村居民的生活水平，改善厨卫材料和产品对于改善农户现有的居住条件具有重大的现实意义。本章介绍了主要厨卫材料和产品的分类、选用原则及施工方法。

6.1 人造板材

6.1.1 人造板材分类

按材质可分为实木板、人造板两大类。

1. 实木板

实木板就是采用完整的木材制成的木板材。这些板材坚固耐用、纹路自然，是装修中优选。但由于此类板材造价高，而且施工工艺要求高，在装修中使用不多。实木板一般按照板材实质名称分类，没有统一的标准规格。目前除了地板和门扇会使用实木板外，一般我们所使用的板材都是加工出来的人造板。

2. 人造板

常见的人造板主要有：细木工板（大芯板）；指接板（集成板）；夹板（胶合板，多层板，细芯板）；饰面板（面板）；密度板（纤维板）；刨花板等。

（1）细木工板

行内称大芯板，它是由两片夹板中间粘压拼接木块而成。是目前家装板材消费最多的品种，木工板按厚度分有 12mm、15mm、18mm 三种（行业俗称 1.2、1.5、1.8）。门套、窗套多用 12mm，家具用 18mm 的。

按内部木板材质质量由高到低分有柳桉芯、杉木芯、杨木芯。木工板按加工方式分机拼与手拼，机拼的各项性能指标要高于手拼。

（2）指接板

由多块木板拼接而成，上下不再粘压夹板，由于竖向木板间采用锯齿状接口，类似两手手指交叉对接，故称指接板。指接板上下无须粘贴夹板，用胶量大大减少，是较木工板更为环保的一种板材，目前已有越来越多的人开始选用指接板来替代木工板。指接板常见厚度有 12mm、15mm、18mm 三种，最厚可达 36mm。

指接板还分有节与无节两种，有节的存在疤眼，无节的不存在疤眼，较为美观。

（3）夹板

也称胶合板、多层板，行内俗称细芯板。由三层或多层 1mm 厚的单板或薄板胶粘热压制而成。它是最早用于家装的人造板材料。它强度大，抗弯曲性能好，但缺点是稳定性差，易变形，不适宜做柜门。夹板一般分为 3 厘板、5 厘板、9 厘板、12 厘板、15 厘板和

18 厘板六种规格（1 厘即为 1mm）。3mm 的用来做有弧度的吊顶，9mm、12mm 的多用来做橱背板、隔断、踢脚线。15mm、18mm 多用来做工程上的脚手板。

（4）饰面板

俗称面板。是将实木板精密刨切成厚度为 0.2mm 左右的微薄木皮作面层，以夹板为基材，经过胶粘工艺制作而成的具有单面装饰作用的装饰板材。它是夹板存在的特殊方式，厚度为 3mm，好的面板甚至可以达到 5mm，但南通市面上多为 2.5～2.8mm。面板的名称根据面层木皮的的种类来区分，南通家装目前使用较多的面板有：红榉、白榉、红胡桃、黑胡桃、紫玫瑰、柚木、沙比利、枫木，较高档的有橡木等。饰面板的作用是起覆盖在各类基材表面，如家具、门窗套、踢脚线、门板等，起装饰作用，不同的设计风格会选用不同的饰面板。

（5）密度板

也称纤维板。是以木质纤维或其他植物纤维为原料，施加脲醛树脂或其他适用的胶粘剂，在加热加压条件下，压制而成的一种人造板材，按其密度的不同，分为高密度板、中密度板、低密度板。密度板的特点是质软耐冲击，容易再加工。

（6）刨花板

刨花板是用木材碎料为主要原料，再掺加胶水，添加剂经压制而成的薄型板材。按压制方法可分为挤压刨花板、平压刨花板两类。

刨花板和密度板的区别是：刨花板的原材料不是被完全粉碎成纤维，而是粉碎成颗粒状也就是一般所说的刨花，然后再加入胶压合而成；而密度板则是将木质原材料完全粉碎成纤维状再加入胶压合而成。由于刨花板主要由较大的木纤维组成（相比密度板），即使泡在水中，其膨胀率也只在 8%～10%，所以不会像密度板那样膨胀得很厉害。

6.1.2 常见人造板材选用原则

1. 要符合环保要求。人造板材是甲醛释放的"大户"，而且板材中的甲醛释放是一个缓慢的过程，国家对人造板材的甲醛释放量都有明确的标准，应该选择 E1 级的板材。

2. 尺寸要达到标准。

3. 中间没有空心部分，并不混有杂木。

4. 板面平整，没有脱皮现象。

6.1.3 人造板材的现状与存在问题

人造板材行业的基本情况

近十几年来，我国的胶合板、纤维板和刨花板发展迅速。目前许多胶合板企业已形成，主要集中于河北、山东、江苏、浙江、广东和福建等省市经济较发达地区。刨花板企业有 560 余家 60 多条生产线，年生产能力达 10 万 m^3 以上的企业有 2～3 家，3～5 万 m^3 的企业有近 70 家。中密度纤维板是人造板板种中发展速度最快的一种，其产品正在被市场吸收。尽管有少部分生产线未形成或未达到设计能力，但有不少生产线超能力达 30%～50%，乃至翻番。年产量已跃居世界第二位。

我国的胶合板、中/高密度纤维板和刨花板仍将有所发展，其中刨花板的发展空间最大，而胶合板和中/高密度纤维板的原材料供应将是其发展的制约因素。

一些企业加大了开发海外木材生产基地力度，扩大建立稳定优质木材的供应渠道。很多企业均在海外建立了木材生产基地和工厂，为企业的发展提供了稳定的供应渠道，为扩大生产规模提供了保障。

近年来，除利用效果较好的甘蔗渣用于生产中密度纤维板、刨花板外，麦秆的利用也紧锣密鼓地积极展开。我国人造板工业引进设备技术和国内设计研制相结合，走出了一条适于自身发展之路。

在未来 10 年间，我国的人造板工作生产除胶合板因受原材料所限会逐步减少外，刨花板特别是中纤板以目前的生产能力，实际产量与市场需求仍不能达到平衡，其市场潜力巨大。虽然今后生产能力增长可能趋缓，但产量仍将继续平衡增长，以满足市场需求，今后市场需求增长较快的估计是建筑房地产业，因为就国内外的人造板生产运行而言，基本取决于建筑业的开发应用，尽管目前国内这些板材主要用于家具制造业和室内装饰业。其次是家电业，但这些行业无一不是依附于建筑房地产的发展。因此，建筑业的兴旺发达，无疑是促进人造板市场需求的主要因素。我国人造板业在未来的几年间将出现一个发展高峰。

新型防水剂在刨花板和中密度纤维板的生产中广泛推广、应用，获得了良好的效果和经济效益，提高了产品的质量，同时降低了游离甲醛含量。研究开发与国际市场接轨的低毒系列人造板、难燃型板、防霉防蛀型板、轻质和超轻质板，以及应用在室外场合的各种类型及各种规格的符合建筑要求的人造板，拓展人造板产品在建筑业的应用范围，以改变我国人造板应用在墙体材料上的比例仅为 3％的落后状况。

尽管我国已成为人造板生产大国之一，中纤板生产第一大国，但还不是一个强国。从生产线单机生产规模、设备制造水平、生产工艺技术、产品质量和规格品种、产品的深加工以及市场应用等，都与世界先进发达地区和国家存在很大的差距。突出表现在如下三个方面：

一是结构不合理，技术含量低。胶合板比例偏大，生产和消费分别约占 45％和 50％，而世界胶合板比例仅为 35％左右。近年发达国家呈负增长，其主要原因是受原料的限制和其他产品部分取代所致，OBS 高性能复合板、无机胶粘剂人造板、特殊用途板材比例偏小、特厚和薄板比例偏低，非标准幅面板为空白，防潮、阻燃等功能板生产较少，深加工和高新技术新产品比例很小（小于 20％）。

二是管理水平差，产品合格率低。多数小胶合板企业技术落后，为国际 20 世纪 70 年代水平；多数刨花板和中密度纤维板企业生产和管理水平为国际 20 世纪 80 年代水平，多数企业缺乏技术开发能力，技术人才匮乏。

三是产品应用领域窄，应用技术落后。我国家具用人造板约占 79％，建筑用人造板仅占 15％；用作墙体材料每年不足 60 万 m^3（约占 3％）；而欧美用作建筑墙体装修人造板占 50％左右。最大的难题是原材料严重短缺。这就是我国人造板业徘徊于十字路口，面临艰难抉择的原因。

6.1.4　标准及验收

《中密度纤维板（修订）》（GB/T 11718—2009）

《椰壳纤维板》（LY/T 1795—2008）

《轻质纤维板》（LY/T 1718—2007）

《难燃中密度纤维板》（GB/T 18958—2003）

《薄型硬质纤维板》（LY/T 1205—1997）

《硬质纤维板》（GB/T 12626—1990）

《定向刨花板》（LY/T 1580—2010）

《水泥刨花板》（GB/T 24312—2009）

《挤压法空心刨花板》（LY/T 1856—2009）

《麦（稻）秸秆刨花板》（GB/T 21723—2008）

《模压刨花制品　第1部分：室内用》（GB/T 15105.1—2006）

《刨花板》（GB/T 4897.1～4897.7—2003）

《非甲醛类热塑性树脂胶合板》（LY/T 1860—2009）

《成型胶合板》（GB/T 22350—2008）

《实木复合地板用胶合板》（LY/T 1738—2008）

《单板层积材》（GB/T 20241—2006）

《细木工板》（GB/T 5849—2006）

《胶合板》（GB/T 9846.1～9846.8—2004）

《旋切单板》（LY/T 1599—2002）

《难燃胶合板》（GB/T 18101—2000）

《指接材　非结构用》（GB/T 21140—2007）

《软木饰面板》（LY/T 1857—2009）

《人造板饰面专用装饰纸》（LY/T 1831—2009）

《浸渍胶膜纸饰面秸秆板》（GB/T 23472—2009）

《聚氯乙烯薄膜饰面人造板》（LY/T 1279—2008）

《竹单板饰面人造板》（GB/T 21129—2007）

《重组装饰单板》（LY/T 1654—2006）

《刨切单板》（GB/T 13010—2006）

《浸渍胶膜纸饰面人造板》（GB/T 15102—2006）

《装饰单板贴面人造板》（GB/T 15104—2006）

《不饱和聚酯树脂装饰人造板》（LY/T 1070.1～1070.2—2004）

《热固性树脂浸渍纸高压装饰层积板（HPL）》（GB/T 7911—1999）

《结构用竹木复合人造板》（GB/T 21128—2007）

《挤压木塑复合板材》（LY/T 1613—2004）

《石膏刨花板》（LY/T 1598—2002）

《集成材理化性能试验方法》（LY/T 1927—2010）

《抗菌木（竹）地板　抗菌性能检验方法与抗菌效果》（LY/T 1926—2010）

《人造板及其制品中甲醛释放量测定—气体分析法》（GB/T 23825—2009）

《人造板的尺寸测定》（GB/T 19367—2009）

《室内装饰装修材料　人造板及其制品中甲醛释放限量》（GB 18580—2001）

《人造板及饰面人造板理化性能试验方法》（GB/T 17657—1999）

6.2 瓷砖

6.2.1 瓷砖分类

1. 按功能分类

瓷砖按功能分为：地砖、墙砖及腰线砖等。

地砖：按花色分为仿西班牙砖、玻化砖、釉面砖、防滑砖及渗花抛光砖等。厨、卫等小面积居室则宜采用特种工艺砖，如防滑砖、耐磨瓷地砖。

墙砖：按花色可分为玻化墙砖、印花墙砖。

腰线砖：多为印花砖。为了配合墙砖的规格，腰线砖一般定为 60mm×200mm 的幅面。它的作用就是环绕在墙砖中间，为单调的墙面增色，改变空间的气氛。

2. 按工艺分类

瓷砖按工艺分为：釉面砖、通体砖、抛光砖、玻化砖、陶瓷锦砖。

釉面砖：在胚体表面加釉烧制而成的。根据光泽的不同分为釉面砖和哑光釉面砖。根据原材料的不同又分为陶质釉面砖和瓷质釉面砖。釉面砖一般用于厨房和卫生间。

通体砖：这是一种不上釉的瓷质砖，有很好的防滑性和耐磨性。一般所说的"防滑地砖"大部分是通体砖。由于这种砖价位适中，颇受消费者喜爱。

抛光砖：抛光砖就是通体砖坯体的表面经过打磨/抛光处理而成的一种光亮的砖，属于通体砖的一种。相对通体砖而言，抛光砖的表面要光洁得多。抛光砖坚硬耐磨，适合在除洗手间、厨房以外的多数室内空间中使用。在运用渗花技术的基础上，抛光砖可以做出各种仿石、仿木效果。抛光砖易脏，防滑性能不很好。

玻化砖：这是一种高温烧制的瓷质砖，是所有瓷砖中最硬的一种。玻化砖比抛光砖的工艺要求更高。要求压机更好，能够压制更高的密度，烧制的温度更高，能够达到全瓷化。玻化砖就是强化的抛光砖。表面不需要抛光处理就很亮了，能够更耐脏。这是一种高温烧制的瓷质砖，是瓷砖中最硬的一种。

陶瓷锦砖：又名马赛克，规格多，薄而小，质地坚硬，耐酸、耐碱、耐磨，不渗水，抗压力强，不易破碎，色彩多样。

6.2.2 厨卫常见瓷砖的选用原则

1. 一般原则

(1) 瓷砖的色泽要均匀，表面光洁度及平整度要好，周边规则，图案完整，从同一包装箱中抽出几片，对比有无色差、变形、缺棱少角等缺陷。

(2) 用硬物轻击，声音越清脆，则瓷化程度越高，质量越好。也可以左手拇指、食指和中指夹瓷砖一角，轻松垂下，用右手食指轻击瓷砖中下部，声音清亮、悦耳为上品，声音沉闷、浑浊为下品。

(3) 将水滴在瓷砖背面，看水散开后浸润的快慢，一般来说，吸水越慢，说明该瓷砖密度越大，质量越好；吸水越快，说明密度稀疏，其品质就不如前者。

(4) 瓷砖边长的精确度越高，铺贴后的效果越好，买优质瓷砖不但容易施工，而且能节约工时和辅料。

2. 厨卫常见的瓷砖选购

（1）厨房、卫生间等区域，地面砖大多选用亚光防滑的瓷砖，以防止地面湿滑，所以选择地砖防滑是首位的。

（2）厨房墙面要求：光面、抗油污、耐擦洗，建议使用釉面砖。

（3）厨房地面要求：耐磨、防滑，建议使用抛光砖、通体砖。

（4）卫生间墙面要求：亚光、防潮，建议使用釉面砖（亚光）、马赛克。

（5）卫生间地面要求：防滑、耐磨、吸水率低，建议使用抛光砖、通体砖。

6.2.3 厨卫常见瓷砖的应用现状与存在问题

1. 厨卫常见瓷砖的基本情况

（1）釉面砖

也称瓷片。该产品吸水率一般在 10%～20%（但检验结果证实吸水率超过 18% 的产品容易产生龟裂等一系列质量问题），破坏强度和断裂模数比较小。该类产品底部均为陶质的素坯，其上覆盖 0.8～1.2mm 的釉层，是陶瓷砖中历史最长的产品。最早是先素烧再釉烧的 2 次烧成工艺，后发展为坯釉一次烧成，目前的釉面装饰效果更加丰富多彩，亚光釉面、无光釉面、堆釉、三度烧、金属釉面的出现，结合大规格切边釉面砖的出现，使得内墙砖的装饰效果达到了一个前所未有的高度。常见规格（mm）有：152×152，200×200，200×300，250×330，300×450，300×600，大于 300×450 的产品常采用切边工艺，四周无釉面熔融后产生的圆角，非常齐整，铺贴后整墙的镜面效果很明显。釉面也从传统的丝网印刷发展为以滚筒印制为基础的随机印花，也有部分公司推出手绘砖，堪称极品。为了给该类产品配套，市场上也出现了造型别致的花砖和腰线砖，有陶瓷的，也有聚合物制成的，这些产品与内墙砖产品配套使用时，可起到画龙点睛的效果。产品表面硬度小、强度低、吸水率大以及摩擦系数小，不能在地面使用，在铺贴时，由于内墙砖吸湿膨胀率大（0.012%～0.020%），应注意留出足够的灰缝。

（2）瓷质抛光砖

瓷质抛光砖是目前陶瓷砖产业中产量最大、产值最高的产品。该产品是经高温瓷化后磨边、抛光而制成的吸水率不超过 0.5% 的陶瓷砖。为了保护抛光面和防污效果，有些工厂还在抛光后增加打蜡或其他防污剂的工序，所以有些买到的产品须经表面处理后才可恢复光洁的表面。目前，该产品规格（mm）有：200×200，300×300，400×400，500×500，600×600，800×800，1000×1000，1200×1200，600×1200，600×900，1200×1800 等。2004 年，广东新中源公司推出的"世界砖王"，已达到 1200×2000。在上述各种型号中，600×600 和 800×800 常用于家居地面，后 5 种产品规格常用外墙干挂的施工方法，用于高大建筑物的外墙装饰。该产品的花色品种一般有：纯色（含超白砖）、渗花、大颗粒（含雨花石）、微粉自由布料、填釉等，近两年又推出把渗花、多管微粉自由布料、乳浊熔块或透明熔块填釉工艺结合起来开发出各种各样的新产品。2005 年夏季，广东新中源公司与科达机电公司应用新工艺开发出"超洁亮"抛光砖产品，其加工过程代表了目前瓷质抛光砖产品中最新的工艺。该产品的优点是耐污性较好、强度高、表面光洁、花纹丰富多彩、装饰效果极佳，但大部分产品也有表面莫氏划痕硬度较小（维护成本高）、摩擦系数小的缺憾。

（3）有釉地砖

常见的商业名称有彩釉砖、仿古砖、防滑砖等。该产品吸水率一般为 0.5%～10%，也有极少量超过 10%。近期一些生产厂家开发出的瓷质仿古砖产品，吸水率可以达到 0.5%以下，此类产品强度一般低于瓷质抛光砖，该产品表面上釉，坯体为深红色或浅灰色，也有灰白色的，表面有平整的、凹凸不平的和大晶粒的 3 种。产品规格（mm）有：200×200，300×300，400×400，500×500，600×600，色彩非常丰富，加以亚光、无光以及凹凸不平的表面处理，可以制造出仿天然石材和古香古色的艺术效果。2004～2005 年，仿古砖产品开始在市场上大放异彩，在各种级别的交易会上占尽风头，并以不菲的价格走入千家万户。该类产品由于表面上釉，耐污染性很好，一般不会出现永久的渗透性污染，但是如果凹凸表面设计不合理，将会出现死角，并在死角处积累污物，出现难以清理的问题。传统的有釉地砖产品，由于表面釉层的厚度有限且以玻璃相为主，耐磨性较差，不适用于在人流量大的商场、广场、舞厅、饭店大厅等公共场所，但近年来推出的瓷质仿古砖和炻瓷质仿古砖产品采用表面有大量晶粒的硬质釉面，耐磨性大大提高。由于使用了凹凸无光表面，防滑性能也得到了大幅度提高。

2. 常见瓷砖存在的问题

目前，我国陶瓷砖产品的主要质量问题有：

（1）部分内墙砖产品配方不合理，烧结程度不高或不均匀，坯体含有有害晶粒，导致产品断裂模数偏低，易发生龟裂等缺陷。

（2）大多仿古砖产品通过加深表面的凹凸起伏程度来提高摩擦系数，满足防滑效果，导致厚薄严重不匀，断裂模数值大大下降；且如果凹凸形状设计不合理，实际使用时减少了摩擦面积，摩擦系数反倒降低。

（3）抛光砖产品存在表面平整度问题和不耐污染问题。

6.2.4 施工方法

1. 基层处理：把沾在基层上的浮浆、落地灰等用錾子或钢丝刷清理掉，再用扫帚将浮土清扫干净。

2. 找标高：根据水平标准线和设计厚度，在四周墙、柱上弹出面层的上平标高控制线。

3. 排砖：将房间依照砖的尺寸留缝大小，排出砖的放置位置，并在基层地面弹出十字控制线和分格线。排砖应符合设计要求，当设计无要求时，宜避免出现板块小于 1/4 边长的边角料。

4. 铺设结合层砂浆：铺设前应将基底湿润，并在基底上刷一道素水泥浆或界面结合剂，随刷随铺设搅拌均匀的干硬性水泥砂浆。

5. 铺砖：将砖放置在干拌料上，用橡皮锤找平，之后将砖拿起，在干拌料上浇适量素水泥浆，同时在砖背面涂厚度约 1mm 的素水泥膏，再将砖放置在找过平的干拌料上，用橡皮锤按标高控制线和方正控制线坐平坐正。

6. 铺砖时应先在房间中间按照十字线铺设十字控制砖，之后按照十字控制砖向四周铺设，并随时用 2m 靠尺和水平尺检查平整度。大面积铺贴时应分段、分部位铺贴。

7. 如设计有图案要求时，应按照设计图案弹出准确分格线，并做好标记，防止差错。

8. 养护：当砖面层铺贴完 24h 内应开始浇水养护，养护时间不得小于 7d。

9. 勾缝：当砖面层的强度达到可上人的时候，进行勾缝，用同种、同强度等级、同色的水泥膏或 1∶1 水泥砂浆，要求缝清晰、顺直、平整、光滑、深浅一致，缝应低于砖面 0.5～1mm。

6.2.5 标准及验收

1. 主控项目

(1) 原材料应符合国家标准要求。

(2) 面层与下一层应合贴牢固，无空鼓、裂纹。

(3) 检验方法：同《建筑地面工程施工质量验收规范》（GB 50209—2002）。

(4) 有坡度要求的房间如卫生间坡度应符合设计要求，不倒泛水、无积水；与地漏、管道结合处应严密牢固，无渗漏。

2. 一般项目

(1) 砖面层表面应洁净、图案清晰，色泽一致，接缝平整，深浅一致，周边顺直。板块无裂纹、缺楞、掉角等缺陷。

(2) 面层邻接处的镶边用料及尺寸应符合设计要求，边角整齐光滑。

(3) 踢脚线表面应洁净、高度一致、结合牢固，出墙厚度一致。

(4) 楼梯踏步和台阶板块的缝隙宽度应一致、齿角整齐；楼层梯段相邻踏步高度差不应大于 10mm；防滑条应顺直。

(5) 砖面层的允许偏差应符合 GB 50209—2002 中表 6.1.8 的规定。

(6) 检验方法：同 GB 50209—2002 的检验方法及表 6.1.8 的规定。

(7) 在管根或埋件部位应套裁，砖与管或埋件结合严密。

6.3 厨具

6.3.1 厨具分类

厨具主要包括以下 5 大类：

1. 贮藏用具

其分为食品贮藏和器物用品贮藏两大部分。食品贮藏又分为冷藏和非冷藏，冷藏是通过厨房内的电冰箱、冷藏柜等设备实现的。贮藏用具是指各种底柜、吊柜、角柜、多功能装饰柜等。

2. 洗涤用具

包括冷热水的供应系统、排水设备、洗物盆、洗物柜等，洗涤后在厨房操作中产生的垃圾，应设置垃圾箱或卫生桶等，现代家庭厨房还应配备消毒柜、食品垃圾粉碎器等设备。

3. 调理用具

主要是调理的台面，整理、切菜、配料、调制的工具和器皿。

4. 烹调用具

主要有炉具、灶具和烹调时的相关工具和器皿。随着厨房革命的进程，电饭锅、高频电磁灶、微波炉、微波烤箱等也开始大量进入家庭。

5. 进餐用具

主要包括餐厅中的家具和进餐时的用具和器皿等。

6.3.2 常用厨具的选用原则

选购厨房设备的总原则是：技术上要先进；经济上要合理；操作要方便，能满足生产之需要；高效能、低消耗、易清洁、易保养。

具体的几个原则有：

（1）卫生的原则。厨房设备要有抗御污染的能力，特别是要有防止蟑螂、老鼠、蚂蚁等污染食品的功能，才能保证整个厨房设备的内在质量。

（2）防火的原则。厨房设备表层应具有防火能力，正规厨房设备生产厂家生产的厨房设备面层材料全部使用不燃、阻燃的材料制成。

（3）方便的原则。厨房内的操作要有一个合理的流程，在厨房设备的设计上，能按正确的流程设计各部位的排列，对使用方便十分重要。再就是灶台的高度、吊柜的位置等，都直接影响到使用的方便程度，要选择符合人体工程原理和厨房操作程序的厨房设备。

（4）美观的原则。厨房设备不仅要求造型、色彩赏心悦目，而且要有持久性，因此要求有防污染、好清洁的性能。

6.3.3 常见厨具的现状与存在问题

中国是小家电生产大国，其中尤以厨房小家电发展最为成熟。近年，随着城市居民家庭经济收入的增长，人们的生活水平普遍提高，尤其是居住条件和水、电、气等配套设施的改善，为种类繁多的厨房电器进入千家万户创造了条件，同时也给厨房电器生产企业提供了难得的发展机遇。

在厨房电器产品中，燃气灶是城镇居民家庭厨房的主角。有关调查统计结果显示，我国城镇居民家庭的燃气灶拥有率达 87.8%，明显高于抽油烟机、热水器、微波炉等厨卫产品的家庭普及率。

微波炉方便、卫生、安全、节能的特点，可使人们免受高温季节带来的烹饪苦恼，同时可避免厨房油烟对人们的侵害。在西方发达国家，微波炉的家庭普及率高达 80%～90%，而国家统计局数据表明，微波炉在中国农村基本上处于空白状态。目前，我国微波炉市场正处于成长发育期，与其他厨卫产品相比，市场拥有量还较低，这为市场消费需求提供了较大的市场空间，发展潜力巨大。

当前中国政府拉动内需的政策，推动了中国经济持续快速发展，这为厨具产品创造了广阔的需求空间。从全国厨具市场来看，燃气灶和抽油烟机的需求将以更新、升级换代为主，微波炉的需求以新购为主。产品向系列化、智能化、美观化方向发展，功能趋向于能为人们的健康生活提供更多帮助。

从燃气灶规格构成上看，燃气灶市场以台式和嵌入式为主，且台式比重高于嵌入式。燃气灶市场消费弹性较大，受价格水平、收入水平、居住条件、消费水平等影响较大，由于台式的平均价格远远低于嵌入式，故市场销售情况较好。但是，嵌入式燃气灶具有外形美观、新颖，使用安全、清洁方便等特点，符合现代厨房装饰潮流，故市场比重呈逐月增长的趋势。

从抽油烟机规格构成上看，市场消费从平顶式向深罩式过渡。2001 年累计的数据显示，平顶式和深罩式抽油烟机的市场比重分别为 13.22％和 86.78％，深罩式抽油烟机以其吸力大、清洗方便、外观符合现代家庭整体厨房装修设计等特点，逐渐成为市场需求主流产品。

从微波炉规格构成上看，消费者更为看好具备烧烤功能的微波炉。除电子普通式微波炉逐渐被市场淘汰外，其余规格微波炉的市场分布较为平均。其中，烧烤式微波炉备受消费者青睐。

目前，厨房电器产品市场以国产品牌为主。国外制造商的产品大多定位在高档市场，一些进口产品还没有本土化，其功能特征不太适合中国家庭厨房的烹调等特点，故不被消费者看重。

燃气灶和抽油烟机市场品牌割据严重，目前活跃在市场上的品牌多达 170 余种，但大多数品牌规模很小，一些杂牌也混在其中，从而使整个市场的品牌分布显得十分杂乱。虽然像华帝、美的、海尔、帅康、方太等品牌已在市场上显示出强大的竞争优势，但短时间内还不会出现品牌利润的相对集中化。

微波炉市场品牌相当集中，前四名品牌的份额累计达到 90％。特别是格兰仕，占据了一半以上的微波炉市场，处于绝对优势。

总体来看，除微波炉外，厨房电器市场品牌集中度较低，尤其是燃气灶、抽油烟机行业，大多数名牌企业规模比较小，抵抗市场风险的能力也相应较低。

近年来国家继续采取一系列扩大国内需求的措施，尤其是大力开拓消费市场，改善农村消费环境，加强水、电、路、通信和广播电视等基础设施建设，这为各种家用电器，包括厨卫器具进入农村居民家庭创造了基本条件。

20 世纪 80 年代，短短的 30 几年发展时间，厨具行业已成为朝阳行业，进入一个从快速增长到逐渐成熟的质变阶段。中国约有 13 亿人口，厨具作为家庭必需生活用品，市场空间是极其庞大的。近年来中国厨具市场销售量以 35％的速度在上升。

近年来，中国厨具设备产业出现了如下一些新的发展趋势：信息技术的发展给企业带来了机遇与挑战，从机遇方面讲，信息技术有助于优化企业流程，降低管理成本，在竞争中获取优势。而那些无法利用信息技术改进流程的企业则在竞争中明显处于劣势地位。产品结构向美观、时尚、环保、能耗低的方向演化，低附加值的产品必须继续经受国内同行业的冲击和更深层次的竞争。

6.3.4　标准及验收

1. 厨房用具的相关设计和生产标准
《厨房家具》（QB/T 2531—2010）
《家用厨房设备　第 1 部分：术语》（GB/T 18884.1—2002）
《家用厨房设备　第 2 部分：通用技术要求》（GB/T 18884.2—2002）
《木家具通用技术条件》（GB/ T 3324—1995）
《家用和类似用途电器的安全　第一部分通用要求（eqvI EC 335－1）》（GB 4706.1）
《家用和类似用途电器的安全　自动电饭锅的特殊要求（neqI EC 335－1）》（GB

4706.6)

《家用和类似用途电器的安全　快热式热水器的特殊要求（idtI EC 335－2－35)》(GB 4706.11)

《家用和类似用途电器的安全　贮水式电热水器的特殊要求（idtI EC 335－2－21)》(GB 4706.12)

《家用和类似用途电器的安全　电冰箱、食品冷冻箱和制冰机的特殊要求（idt IEC 335－2－24)》(GB 4706.13)

《家用和类似用途电器的安全　微波炉的特殊要求（idtI EC 335－2－25)》(GB 4706.21)

《家用和类似用途电器的安全　家用电灶、灶台、烤炉和类似器具的特殊要求（eqv IEC 335－2－6)》(GB 4706 .22)

《家用和类似用途电器的安全　洗衣机的特殊要求（idtI EC 60335－2－7)》(GB 4706.24)

《家用和类似用途电器的安全　洗碟机的特殊要求（idtI EC 335－2－5)》(GB 4706.25)

《家用和类似用途电器的安全　电风扇和调速器的特殊要求（idtI EC 342－1)》(GB 4706.27)

《家用和类似用途电器的安全　吸油烟机的特殊要求（idtI EC 60335－2－31)》(GB 4706.28)

《家用和类似用途电器的安全　电磁灶的特殊要求》(GB 4706.29)

《刨花板（neq ISO 820)》(GB /T 4897—1992)

《生活饮用水卫生标准》(GB 5749)

《细木工板（eqvI SO 1096，ISO 1097，ISO 9424，ISO 9425，000T 13715)》(GB /T 5849—1999)

《建筑材料放射性核素限量》(GB 6566—2001)

《热固性树脂浸渍纸高压装饰层积板（HPL）（neq ISO 4586－1)》(GB /T 7911—1999)

《建筑材料燃烧性能分级方法（neqD IN 4102 第一部分)》(GB 8624—1997)

《食品包装用聚乙烯成型品卫生标准》(GB /T 9687)

《金属覆盖层钢铁上的锌电镀层（eqv ISO 2081)》(GB/T 9799)

《家具力学性能试验柜类稳定性（eqv ISO 7171)》(GB/T 10357.4—1989)

《中密度纤维板（eqv EMB)》(GB/T 11718—1999)

《浸渍胶膜纸饰面人造板》(GB/T 15102—1994)

《陶瓷片密封水嘴（neq EN 817)》(GB/T 18145)

《室内装饰装修材料人造板及其制品中甲醛释放限量》(GB 18580)

《室内装饰装修材料木家具中有害物质限量》(GB 18584)

《不饱和聚酯树脂装饰胶合板技术条件》(LY/T 1070—1992)

《水嘴通用技术条件》(QB/T 1334)

《轻工产品镀层腐蚀试验结果的评价》(QB/T 3832—1999)

《聚氨脂清漆》（HG 2454）

《厨房设备— 配合尺寸》（ISO 3055：1985）

2. 厨房用具的相关性能的试验条件和试验方法标准

《家用厨房设备 第3部分：试验方法与检验规则》（GB/T 18884.3—2002）

《纤维增强塑料吸水性试验方法（neqI SO 62：1980)》（GB /T 1462—1988）

《漆膜耐冲击性测定法（neqP OCT4 765：1973)》（GB /T 1732—1993）

《色漆和清漆耐中性盐雾性能的测定（eqvI SO 7253：1984)》（GB /T 1771—1991）

《塑料燃烧性能试验方法氧指数法（neqI SO 4589)》（GB /T 2406）

《塑料燃烧性能试验方法水平法和垂直法（eqvI SO 1210)》（GB /T 2408）

《逐批检查计数抽样程序及抽样表（适用于连续批的检查)》（GB /T 2828—1987）

《周期检验计数抽样程序及表（适用于对过程稳定性的检验)》（GB /T 2829—2002）

《不锈钢冷轧钢板》（GB /T 3280—1992）

《木家具通用技术条件》（GB /T 3324—1995）

《纤维增强塑料巴氏（巴柯尔）硬度试验方法》（GB /T 3854—1983）

《家具表面漆膜耐液测定法》（GB /T 4 893.1）

《家具表面漆膜耐磨性测定法》（GB /T 4 893.8）

《家具表面漆膜抗冲击性测定法》（GB /T 4 893.9）

《食品包装用聚乙烯、聚苯乙烯、聚丙烯成型品卫生标准的分析方法》（GB /T 5009.60—1996）

《建筑材料难燃性试验方法（eqvD IN 4102—1)》（GB /T 8625—1988）

《建筑材料可燃性试验方法（eqvD IN 4102—1)》（GB /T 8626—1988）

《建筑材料燃烧或分解的烟密度试验方法（neqA STM D 2843)》（GB /T 8627）

《家具力学性能试验桌类强度和耐久性（eqvI SO/DS 8019)》（GB /T 10357.1—1989）

《家具力学性能试验柜类稳定性（eqvI SO 7171)》（GB /T 10357.4—1989）

《家具力学性能试验柜类强度和耐久性（eqvI SO/DS 7170)》（GB /T 10357.5—1989）

《铝及铝合金阳极氧化氧化膜的铜加速醋酸盐雾试验（CASS 试验)》（GB /T 12967.3—1991）

《建筑饰面材料镜向光泽度测定方法》（GB /T 13891）

《人造板及饰面人造板理化性能试验方法（idtI SO，EN，DIN，JAS)》（GB /T 17657—1999）

《陶瓷片密封水嘴（neqE N 817)》（GB /T 18145）

《家用厨房设备第 2 部分：通用技术要求（neq JIS A 4420；1998)》（GB/T 18884.2—2002）

《水嘴通用技术条件》（QB/T 1334）

《轻工产品金属镀层和化学处理层的耐腐蚀试验方法中性盐雾试验（NSS）法》（QB/T 3826）

《轻工产品金属镀层和化学处理层的耐腐蚀试验方法乙酸盐雾试验（ASS）法》（QB/T

3827)

《轻工产品金属镀层腐蚀试验结果的评价》（QB/T 3832）

3. 厨房用具的相关性能的设计与安装标准

《家用厨房设备　第4部分：设计与安装》（GB/T 18884.4—2002）

《家用和类似用途电器的安全（eqv IEC 335)》（GB 4706）

《陶瓷片密封水嘴（neq EN 817)》（GB/T 18145）

《家用厨房设备　第2部分：通用技术要求》（GB/T 18884.2—2002）

《水嘴通用技术条件》（QB/T 1334）

6.4　卫浴

6.4.1　卫浴分类

卫浴俗称卫生间，是供居住者便溺、洗浴、盥洗等日常卫生活动的空间。卫浴用品种类丰富多样，总的来说，主要包括便溺单元、洗浴单元、盥洗单元、洗涤单元等单元系列设备设施。

6.4.2　卫浴品选用原则

卫生间是家中最私密、最必不可少的活动空间。而卫生间里的卫浴品，是其中的主角，安放什么样的卫浴品可是要好好考虑考虑。选购卫浴品总的原则可以采用"一看、二摸、三听、四比"。

一看。消费者可选择在较强光线下，从侧面仔细观察卫浴产品表面的反光，表面没有或少有砂眼和麻点的为好。

亮度指标高的产品采用了高质量的釉面材料和非常好的施釉工艺，对光的反射性好，从而视觉效果好。

二摸。可用手在表面轻轻摩擦，感觉非常平整细腻的为好。还可以摸背面，感觉有"沙沙"的细微摩擦感为好。

三听。可用手敲击陶瓷表面，一般好的陶瓷材质被敲击发出的声音比较清脆。

四比。主要是考察吸水率，吸水率越低的越好。陶瓷产品对水有一定的吸附渗透能力，水如果被吸进陶瓷，会产生一定的膨胀，容易使陶瓷表面的釉面因膨胀而龟裂。尤其对于坐便器，如果吸水率高，则很容易将水中的脏物和异味吸入陶瓷，时间一长就会产生无法去除的异味。

6.4.3　常见卫浴品的应用现状与存在问题

从20世纪90年代至今，中国卫浴行业经历了20年左右的发展。目前，中国已经成为全球最大的卫浴产品生产与销售国，卫浴洁具占世界总量的30％，卫浴配件约占世界总量的35％，出口到欧洲、美国、日本、韩国、中东等地的产品每年的增长率为50％。中国卫浴行业竞争主要表现为本土品牌和外资品牌的市场争夺，国内卫浴品牌尽管数量众多，但在国内卫浴市场上还没有一家企业能占据10％的市场份额，高端卫浴市场几乎被外资品牌垄断。

1. 中国卫浴市场经过了以下三个发展阶段

第一阶段（2000 年以前）。2000 年以前，美标、科勒、TOTO 等国际品牌进入中国，锁定沿海开放城市，目标市场直切高档宾馆、写字楼、高档住宅。本土品牌群居于广大不发达和欠发达地区，两大品牌阵营基本互不侵犯。国产品牌完全没有意识到危机的临近，而外资品牌却经历了利润回报率最高的黄金时期。

第二阶段（2000～2005 年）。2000～2005 年，外资品牌开始向中国广大的内地一级、二级市场挺进，目标再指高中档卫浴市场，与国内企业所属市场领域逐渐接近。此时，外资品牌仍然占据 80％以上的中高档市场份额，低档市场份额为国内 3000 家企业瓜分，全国性的本土卫浴品牌仍未诞生。

第三阶段（2005 年至今）。2005 年后，外资品牌继续拓展中国市场，拓宽生产线，覆盖高、中、低档市场开始触及国产品牌的核心利益，甚至一些县级市场也随处可见科勒、美标的广告牌。与此同时，国内卫浴品牌也加速发展，出现了以箭牌、法恩莎、惠达、四维等为代表的一批民族卫浴品牌。卫浴行业进入快速发展期，外资品牌和本土品牌两大阵营的市场利益争夺开始逐渐激化。

2. 中国卫浴行业存在的问题

归纳起来，卫浴行业主要存在以下问题：

（1）高、中、低档品牌定位混为一谈

当前卫浴行业里，一家企业往往推出多个档次的品牌，高档、中档、低档品牌，少则也要两个。因为很多企业认为"要做就做好，不做就拉倒"，但问题恰恰就出在这里。卫浴企业推出了不同档次的多个品牌，却又没有信心、耐心和能力把它们做好。首先，在定位方面就极其地马虎了事，而且它们基础本来就不牢，又缺乏坚强统一的执行力，结果不出数月，操作上就混为一谈了。

（2）产品扩展漫无边际

卫浴类各档次的品牌存在问题并非显而不露，而每个品牌下属产品的品种扩张更是到了肆无忌惮的地步。例如，某品牌先由普通浴缸做起，然而不到三年，下属产品品种就扩展到了蒸汽房、淋浴房、淋浴柱、淋浴盆、玻璃盆、浴室柜，甚至马桶、水龙头等，反正能生产的都生产了，不怕不精，就怕不全。事实上，一家百十人的企业，想生产这么多产品，还要做精做好销售出去是不可能的。这样对品牌的成长不仅没有好处，还影响品牌的发展。市场是需要精品的，很显然，这种只求数量和速度的做法，是出不了精品的，最终伤害的是自己和辛辛苦苦塑造出来的品牌。

（3）核心技术落后，难以引领行业

"卫浴行业是有核心技术的，表现在马桶方面。中国卫浴行业未能突破核心技术，难以引领行业发展潮流，掌握行业话语权。"欧盟尼魔方砖董事总经理汤浩认为，技术是制约中国卫浴品牌发展的原因之一。除非突破马桶冲水系统的核心技术，否则，国外品牌在业内的领先地位，中国陶瓷卫浴企业是难以企及的。

6.4.4 标准及验收

《卫生陶瓷》（GB 6952—2005）

《环境标志产品技术要求 卫生陶瓷》（HJ/T 296—2006）

《抗菌陶瓷制品抗菌性能》（JC/T 897—2002）

《淋浴房》（QB 2584—2007）

《铝合金建筑型材》（GB 5237—2004）

《夹层玻璃》（GB 9962—1999）

《建筑用安全玻璃　第2部分：钢化玻璃》（GB 15763.2—2005）

《高抗冲聚苯乙烯挤出板材》（QB/T 1869—1993）

《淋浴屏通用技术条件》（QB/T 2563—2002）

第七章 生物质建材开发利用

生物质是指通过光合作用生成的有机物，是地球上最广泛存在的物质。它包括所有动物、植物和微生物以及由这些有生命物质派生、排泄和代谢的许多有机质。目前可以利用的生物质资源主要包括秸秆、薪柴、禽畜粪便、生活垃圾和有机废渣废水等，其中秸秆是最常见的生物质资源之一。我国的秸秆利用率较低，大量的秸秆被焚烧，既污染环境，又浪费了宝贵的可再生利用资源。以农作物秸秆为原材料，添加工业废弃物、辅助功能材料和强化材料，经一定配比组合，获得的一类新型建材统称生物质秸秆建材。此类建材具有防火阻燃、耐水耐酸碱、抗冲击力强、抗老化等特点。这种新型建材可以大量利用农业废弃物，符合国家节能减排的宏观政策，是建设社会主义新农村中环保经济型村镇住宅配套建材的重要产品之一。本章介绍了无机胶凝材料基秸秆建材和有机胶凝材料基秸秆建材的分类、特点、制备以及最新研究成果。

7.1 无机胶凝材料基秸秆建材

7.1.1 无机胶凝材料基秸秆建材的分类

无机胶凝材料基秸秆建材是指以无机胶凝材料基为胶粘剂制备的秸秆建材。无机胶凝材料基秸秆建材主要以秸秆墙材为主，目前市场上主要的秸秆墙板规格为：长 2000～3000mm，宽 600mm，厚 80～200mm。依据所使用的无机胶凝材料的种类大致可分为如下几种：

1. 普通硅酸盐水泥基秸秆复合墙板

这类墙板的主要原料为：普通硅酸盐水泥、填充材料、碎秸秆、外加剂和水。可依据要求制成实心板和空心板，还可制成复合夹芯条板。

2. 镁质水泥基秸秆轻质墙板

氯氧镁水泥是一种气硬性的胶凝材料，它凝结硬化快，碱度较低，对纤维腐蚀性小，与无机纤维和有机植物纤维能很好地粘接，强度高，成型加工方便，不燃烧，是一种很有前途地胶凝材料。以这种胶凝材料和秸秆为原料，在常温常压养护条件下生产的一种新型氯氧镁水泥制品，价格低、质量轻、安装方便、能耗低、无毒无污染，属于绿色墙体材料。

3. 硫铝酸盐水泥基秸秆轻质墙板

这类墙板的主要粘结材料为硫铝酸盐水泥，添加必要的混合材、外加剂及秸秆纤维而制成的轻质墙板。

4. 铁铝酸盐水泥基秸秆轻质墙板

这类墙板的主要粘结材料为铁铝酸盐水泥，添加必要的混合材、外加剂及秸秆纤维而制成的轻质墙板。

5. 矾土水泥基秸秆轻质墙板

这类墙板的主要粘结材料为矾土水泥，添加必要的混合材、外加剂及秸秆纤维而制成的轻质墙板。

6. 石膏类轻质墙板

这类墙板以天然石膏为主要材料，添加适当的辅料，搅和成料浆，浇筑成型、抽芯、干燥等工艺制成的轻质板材。石膏空心条板具有重量轻、强度高、隔热、隔声、防水等性能，可锯、可刨、可钻、施工简便。与纸面石膏板相比，石膏用量多、不用纸和胶粘剂、不用龙骨，工艺设备简单，所以比纸面石膏板造价低。石膏空心条板主要用于工业与民用建筑的内隔墙，其墙面可做喷浆、涂料、贴瓷砖、贴壁纸等各种饰面。

7. 硅钙植物纤维轻体墙板

这类板材是将活性碳酸钙和化学改性剂用水调制成一定波镁度的胶粘剂组合物，将10%～30%的该胶粘剂组合物、50%～70%的农作物秸秆粉以及2%～25%的含有硅酸季铵粉末的辅助材料的原料混合，再经打浆机充分打浆、注模、凝聚和脱模养护而制成硅钙植物纤维轻体墙板。

7.1.2　无机胶凝材料基秸秆建材的特点

1. 防火、防水、防震、防冻、防老化，所以又称五防板，简称 FGC。该产品隔声、隔热，化学稳定性好，使用中无有害气体挥发，属环保型材料。

2. 可取代红砖，减轻墙体负荷，与板材、砖石、水泥粘结牢固，抗震性能优良。

3. 强度高，韧性好，材质轻，可降低建筑物自重，可以增加建筑面积10%，减少工程造价10%。

4. 与传统的建筑材料相比，质量轻、可钉、可锯、可刨、可钻、机械加工性能好，且自身不变形，装配方便，适用于各种装饰，还可以刷、喷、涂、漆。

5. 安装施工方便，整体内空便于穿埋管线。

6. 施工速度快于砌砖墙，可成倍减少人工费用。

7.1.3　无机胶凝材料基秸秆建材的原材料选用原则

1. 无机胶凝材料

胶凝材料的作用是将轻质材料、填充材料、增强材料（秸秆纤维）等粘合在一起，并使其具有一定的强度。因此，选用的无机胶凝材料应具有较好的力学性能。下列三种材料可作为轻质墙板的胶凝材料。

（1）轻烧氧化镁（又称菱苦土或镁水泥）

菱苦土的质量要求如下：MgO 含量不低于70%，其中活性氧化镁不小于50%；细度要求 4900 孔筛筛余量不大于15%；强度等级不小于 42.5；烧失量小于6%。

（2）水泥

水泥包括普通硅酸盐水泥、硫铝酸盐水泥、铁铝酸盐水泥、矾土水泥等。水泥强度等级不小于 32.5，3 天强度不小于 19.7MPa，细度要求为 4900 孔筛余量不大于10%，安定性符合国家标准。

（3）石膏

石膏包括天然石膏和工业石膏。石膏质量要求应满足国家标准规定的一等品或优等品的要求。

2. 填充材料

填充材料选用原则是，材料易得、价廉；应具有一定活性；能改善石膏、菱苦土的耐水性。一般硅质材料对石膏、菱苦土的耐水性有所改善。根据选用粘结材料、纤维材料的不同，可选用不同的工业废渣作填充材料。常用的工业废渣有：粉煤灰、矿渣、钢渣、炉渣等。

3. 纤维增强材料及轻质材料

为增强产品的力学强度及韧性，需要加入纤维材料增强，同时又要考虑产品的密度要小，主要有以下几种。

（1）玻璃纤维

包括玻璃纤维和玻璃纤维网，其来源广泛，价格低廉，在复合材料中起增强作用。

（2）植物纤维

植物纤维有玉米秆、麦秆、棉杆、豆秆、锯末等，植物纤维与无机纤维复合，即可起增强作用，又可减轻复合材料的质量，使其具有隔声、隔热性能。

（3）其他轻质材料

如膨胀珍珠岩、膨胀蛭石等，可以有效的降低材料的密度，起保温、隔热作用。

（4）添加剂

为了克服植物纤维对无机胶凝材料的缓凝作用和某些性能弱点，针对不同的材料要选用不同的添加剂。

7.1.4 无机胶凝材料基秸秆建材的生产工艺

按秸秆与所采用的胶凝材料的种类以及含水率的大小，可分为：半干法挤压成型、真空压力挤出成型、半干法平压成型、浇筑模具成型等方法。无机胶凝材料基秸秆建材的生产工艺流程见图7-1。

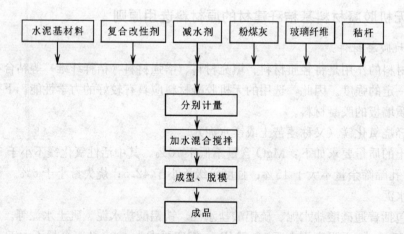

图 7-1　无机胶凝材料基秸秆建材的生产工艺流程

1. 半干法挤压成型

将胶凝材料（水泥、镁质材料、石膏等）与活性工业固体废弃物（粉煤灰、矿渣、炉渣等）轻骨料（如陶粒、珍珠岩等）与含有外加剂的水，均匀搅拌成半干性混合料（含水率均为 17%～20%），在挤压机内挤压成型。

挤压机的挤出方式有多螺旋挤压、单螺旋挤压、推板挤压、芯模加振动挤压等。挤压成型的条板工艺上的特点是骨料为半干性的混合料，制品的收缩率较模具成型要低；挤压成型的条板密实度较高。

2. 真空压力挤出成型

采用普通硅酸盐水泥或硅镁水泥为胶凝材料，外掺工农业生产废弃物：粉煤灰、石灰石粉、矿渣、秸秆、合成纤维、废纸纤维等为增强填充料，适量的增塑剂和水，经搅拌、捏合，在真空压力挤出成型机内，经真空排气并在螺杆的高挤压力与高剪力的作用下，由模口挤出而形成的具有多种断面的条形板材。

真空压力挤出成型方法特点如下：

（1）制品质地均匀，表面平整，密度高，强度高；

（2）更换机头模口，即可生产各种断面的产品，板材的空洞可是方形，矩形，圆形，空洞率可在 50%～65%；

（3）被挤出料具有塑性，含水率低，收缩率小，不仅可做内隔墙，还可做外墙，有十分良好的建筑功能。

真空压力挤出法同出于生产粘土空心砖成型工艺。国外一些公司都成功的使用真空压力挤出生产建筑条板，采用真空压力挤出在材料组成和工艺上应掌握了解并注意以下事项：

（a）胶凝材料与增强纤维材料，填充料的组成关系和对力学性能的影响。

（b）加入何种塑化剂，加入何种量，能形成挤出塑性指数的要求。

（c）塑性指数与挤出压力和挤出速度的关系，以确保条板的尺寸规格性。

（d）挤出机的自动调速，真空缸的自动密封和补偿功能，模口材料的耐磨性。

（e）条板的静停养护与蒸压养护的制度。

3. 半干法平压成型

在混合料中加入少量仅能满足胶凝材料水化所需的水和混合组分中的吸附水，使混合料为半干硬性料，通过机械铺装等工艺处理形成的板坯在受压状态下（单位成型压力 20～30MPa），完成胶凝材料与增强纤维或刨花的固结。

半干法生产工艺之所以能被较广泛的接受，原因是该方法节能、节水、无废水排放，由于在受压下完成材料的固结硬化，因而制品具有密实、强度高、吸水率低、尺寸稳定性好等优点，该工艺较为典型的用途为水泥刨花板的生产。

4. 浇筑模具成型

浇筑模具成型为：在无机胶凝材料中按照设计水灰比加入一定量的水，均匀搅拌，使拌合物为浆体状，将其浇入特定的模具中，养护成型。

本方法的特点为：浇筑的骨料要有流动性，骨料的液/固比值通常在 0.41～0.51 之间，浇筑的方式有手工成型、平模成型和立模成型，作为增强的材料多用抗碱玻璃纤维网格布或秸秆纤维，对于玻璃网格可采用平铺、挂网和张网成型。

所谓平铺是指平模铺网，在条板生产初期多采用此法，以混凝土地坪做底模，采用角钢或模钢边模和端模（均为可拆式），此法相对投资少，占地面积大，效率低，板面平整度差，增强的玻纤网格布不处于张紧状态，不能有效地发挥增强作用。

所谓挂网和张网是指在立模生产中的操作工艺。立模是由多块钢模板组成，立模处于模车上，横腔可调整，模车可行走，增强玻纤布吊挂在模腔的两侧，将混凝土从侧上方浇筑入模腔，振动填实找平即完成了整个成型过程，该法较平模法占地面积小，效率也较高，由于玻纤网不能张紧，质量不稳定。

张网指的也是立模生产，采用机动开模与合模连续张紧式布网。自动温控电加热养护，先注料浆后穿管芯，若采用金属网，可将金属网先冲压成槽型，插入膜腔，再插入管芯，振动投入的料浆填实抹平即可，此方法较为先进，但也存在立模车所需较多，若料浆流动度和振动控制不好时有空洞麻面产生，电热温控与混凝土水化热不能相匹配，有时会使条板表面有粉化现象，严格控制工艺，该成型方法有较好的推广前景。

四种秸秆板材生产方法对比 表 7-1

	半干法挤压成型	真空压力挤出成型	半干法平压成型	浇筑模具成型
拌料方法	半干的混合料	加水混合	半干硬性混合料	加水混合
成型方法	挤压成型	挤压成型	平压成型	浇筑振实成型
工艺特点	制品的收缩率较模具成型要低	同于黏土空心砖成型工艺	节能、节水、无废水排放	用抗碱玻璃纤维网格布，再浇筑振实成型
产品特点	条板密实度较高	制品质地均匀；可生产各种断面的产品；有塑性	密实、强度高、吸水率低、尺寸稳定性好	

7.1.5 无机胶凝材料基秸秆建材的应用现状及存在问题

总体来说，无机胶凝秸秆建材由于自身具有的以"节能环保"为核心的一系列优点，其发展前景十分广阔。在北京举行的第六届创业中国高峰论坛中，以秸秆综合利用的创业技术产品中出现了许多新品种，从秸秆彩瓦、秸秆防火板材到秸秆防火门，它们在经济、环保、耐用、隔热、隔声等方面无一不呈现出让传统的高端建材相形见绌的气势，大大丰富与扩充秸秆类生物质建材的内涵，提高该类建材制品的市场竞争力，秸秆生物质防火板材也被奥运场馆的"鸟巢"项目所采用。传统印象中属于"草根"的秸秆生物质建筑材料已转型为高贵、环保、高效、经济的新一代产品，生机勃勃。但是目前该类建材还存在以下问题需要解决：

1. 部分地区产品价格缺乏竞争力

一些地区，秸秆原料平均收购价每吨在 150～200 元。作为麦秸而言，其可用部分仅为茎秆和叶梢，两者之和不足 80%，在生产中加上损耗，实际利用率仅为 59%，这样秸秆用在生产上成本要达到 250～300 元，与用木材为原料相比就没有多少优势可言了。

2. 产品质量有待提高

与其他墙体材料相比，掺加秸秆粉的板材由于秸秆与胶凝材料之间的粘结问题，表面的秸秆会影响整个板材的成型和外观，另外秸秆的加入改变了制品内部的孔结构。以镁水泥秸秆制品为例，目前全国 90% 的镁水泥秸秆建材产品存在多气泡、变形、粉化等技术问题。

3. 政策导向和人们传统观念的影响

以农业秸秆为原料生产建筑板材没有给予像增值税退税等优惠政策，从而影响了部分生产企业的积极性。再者消费者看到的是秸秆简单的替代木屑，在质量或者工作性能上没有进步，所以宁可相信原来的产品，而不愿相信这种替代品。

4. 行业标准不完善

有关加纤维建筑板材的标准因为秸秆纤维的特殊性并不能完全适合秸秆板材，因此各家生产企业根据各自的生产经验或者某一个标准进行生产，没有统一标准，给检验检测带来很多困难。

5. 原料收集贮存难，生产得不到保证

秸秆的收割有季节性，因此为了保证生产，企业必须考虑贮存场地的建设投资，必须考虑较大的流动资金占有，无形中增加了成本费用，这是生产者不愿意接受的。

7.1.6 无机胶凝材料基秸秆建材的最新研究成果

一般秸秆加入水泥基混合料中，都会使水泥凝结缓慢，从而影响产品的成型和生产，秸秆水泥基混合料的快速凝结硬化技术解决了这个问题；通过对秸秆进行预先处理，在内隔墙板中秸秆的质量掺量可达到 $12\%\sim15\%$，所配制的秸秆水泥混合料可满足浇筑成型需求，并可获得良好的板材表面效果，墙板技术性能可满足现行行业标准的指标要求。

秸秆水泥基微孔建筑材料配方技术及其制品的制造技术，依靠秸秆、水泥、聚合物溶液之间的物理化学作用与搅拌过程中施加的机械外力作用，形成的含有均匀微小气泡的秸秆水泥基混合物料，将配置好的物料浇筑到不同模型之中即可制造出具有适当力学性能和热工性能的板材、砌块或其他形状的建材制品。这种产品具有更好的轻质、隔声、保温效果。

7.1.7 无机胶凝材料基秸秆建材的施工方法

下面以轻质内隔墙板的安装为例说明墙板的安装方法。

1. 工艺流程

绘制墙板排板图→确定板材规格、数量→备齐所需辅助材料→将主板及辅材运至现场→清理工作现场、处理基层→弹墙、地面（顶棚）定位墨线→预留出门窗口位置→水暖电气预埋件或预留洞口→检查墙板→安装墙板→检查平直→固定墙板→板缝处理→固定卡件→拆除木楔→板缝贴布。

2. 操作要点

（1）根据设计图纸制出排板图，确定板材规格数量。使用前应对墙板按《建筑隔墙用轻质条板》（JG/T 169—2005）要求进行外观检查，发现外形尺寸超过允许偏差或有严重缺陷的不合格产品不得使用。

（2）清理场地，将要安装墙板的位置清扫干净，根据设计图纸弹出墙线，按排板图复核墙线，并预留出窗洞口位置。

（3）涂刷专用粘结嵌缝料。安装前，先在墙板的楔口处（连接处），包括板同楼地面的连接处，同其他墙、柱的连接处，满涂粘结嵌缝料。

（4）安装墙板，按排板图从一边开始逐块安装，尽量减少补板，若隔墙上有门窗洞口时，先从门窗洞口开始分别向两边安装。在主体墙旁安装第一块墙板的操作过程：按照已弹墨线在主体墙一定高度上（墙板 1/2）用电钻钻 12～14mm 的孔两个（深度大于50mm），并打入木楔。将宽度与墙板母楔内宽相同的专用木块钉于木楔上。母楔内均匀满涂专用粘结嵌缝料，卡入木块内与墙连接。

（5）固定墙板。安装时，先把墙板沿弹出的墙线安装，合线后用木楔在楼地面塞紧，用 2m 靠尺和吊线坠检查调整垂直度，需要接板的，要检查连接处的平整度。垂直就位后在顶部用木楔固定牢固。

（6）安装过程中，墙板就位后必需用木楔塞紧后才能放手，避免墙板倒下伤人。井道墙板安装时，必需先用跳板搭在井道上，避免安装中失足掉进井道洞中。

（7）水电管敷设应与墙板的安装同步进行，板面若需开孔，应在安装前用电钻钻孔，切割机切割。

（8）检查墙板。墙面隔墙安装完毕后，用 2m 靠尺检查墙面平整度和垂直度，用木楔对整个墙面进行校平。

（9）将预先涂好防锈漆的∠30×4 角钢卡件按间距 600mm 固定在墙板与主体结构梁、顶棚、楼地面交接处，并确保将墙板固定牢固。

（10）板缝处理。经检查合格后，用专用粘结嵌缝料补平板缝，以不露板缝为准（第一次填缝深一半，第二次填平）。墙板与顶棚连接见图 7-2。

（11）墙板与楼地面的连接，用专用粘结嵌缝料粘结，要求地面是硬化后的地面，在墙板底连接处涂上专用粘结嵌缝料后，安装墙板，安装完成后抹平缝口。墙板间的连接，在板的楔口处满涂专用粘接嵌缝料，安装完成后压实抹平板缝。墙板与楼地面连接见图 7-3。

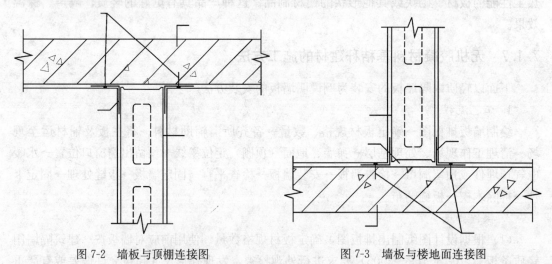

图 7-2　墙板与顶棚连接图　　　　图 7-3　墙板与楼地面连接图

（12）墙板同其他墙、柱的连接。在墙板连接处位置满涂专用粘接嵌缝料，安装完成后抹平板缝，后塞口在安装完成后用专用粘接嵌缝料灌缝抹平。墙板与承重墙（柱）连接见图 7-4。

（13）拆除木楔。在用专用嵌缝料处理板缝 3d 后可以取掉木楔，取掉后形成的空洞用专用粘接嵌缝料补平。

（14）板缝贴布。墙板安装后，将粘缝玻璃纤维网格带粘贴于板缝处，用建筑密封胶粘贴并刮平，以不露板缝为准。

（15）墙板墙面平整，无需抹灰，可以直接刮腻子进行面层装饰；在墙板与其他材质的连接处（同其他墙、柱、梁底、板底）贴160mm宽玻璃纤维网格带后再进行腻子的涂刮。

3. 安装过程中易出现的问题

两块墙板完全对接时，一般是在接缝处贴网格防裂带、刮防裂胶，再帖无纺布等拼缝处理。但接缝有可能开裂，目前一种处理方法是贴墙体防裂胶带，墙体防裂胶带由弹性胶带和隔离层组成，隔离层与墙体接缝相粘，当板材干燥收缩产生水平拉力时，接缝便产生开裂，同时水平拉力和接缝开裂都由

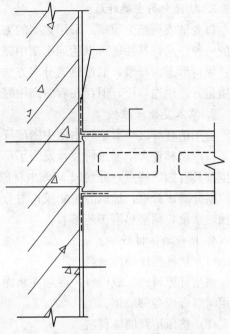

图 7-4 墙板与承重墙（柱）连接图

隔离层来克服而不传递到弹性胶带，因而墙面不产生开裂现象。

7.1.8 无机胶凝材料基秸秆建材的标准及验收

墙板性能测试依据标准如下：

1. 隔声量：依据《建筑隔声测量规范》（GBJ 75）标准测定。
2. 抗弯曲荷载：依据《建筑隔墙用轻质条板》（JG/T 169—2005）标准测定。
3. 耐燃性：依据《建筑材料燃烧性能分级方法》（GB 8624—1997）标准测定。
4. 放射性：依据《建筑材料放射性核素限量》（GB 6566—2001）标准测定。

7.2 有机胶凝材料基秸秆建材

有机胶凝材料基秸秆建材是将农作物秸秆加工成单板、纤维、刨花等基本单元材料后借助胶粘剂的作用，在一定的温度、压力下重新组合而成的板状材料，俗称秸秆人造板。有机胶粘剂主要是合成树脂类，诸如：脲醛树脂胶 UF、酚醛树脂胶 PF、三聚氰胺树脂胶 MF、不饱和聚酯胶 UP、异氢树脂胶 MDI、三聚氰胺改性脲醛树脂胶等，这类秸秆建材主要是以秸秆粉末为原料，加入少量的胶经过搅拌，然后热压成型。

7.2.1 有机胶凝材料基秸秆建材的种类

1. 秸秆碎料板

以麦秸或稻秸为原料，采用类似木质刨花板生产工艺制造的碎料板，其性能达到木质刨花板标准的要求。秸秆碎料板生产有如下特点：原料形状为碎料状，主要通过粉碎机加工而成；采用的是异氰酸酯胶粘剂。

2. 秸秆中高密度纤维板

以麦秸或稻秸为原料，采用热磨的方法将秸秆原料分离成纤维，施加脲醛树脂胶压制成的一种产品，其性能可以达到木制中密度纤维板标准的要求。秸秆纤维板生产有如下特点：原料形态为纤维，通过热磨分离方法制备，施加脲醛树脂胶。秸秆中高密度纤维板表面质量好，用途广泛，但存在着游离甲醛释放的问题。

3. 草木复合纤维板

鉴于秸秆纤维板要达到木质中密度纤维板标准的要求，工艺技术难度较大，施胶量也较高。南京林业大学通过研究，发明了草木复合纤维板制造技术并申报了发明专利。该产品生产具有如下特点：分别以50％木材原料和50％秸秆原料混合使用；用热磨方法分别将原料分离成纤维；加脲醛树脂胶；对分离草纤维的热磨机要进行改造，着重改造物料水平预热系统，调整热磨工艺参数。

4. 秸秆墙体材料

（1）秸秆模压墙体材料

将秸秆原料加工成碎料，混加在水泥、塑料和其他添加剂中，模压成建筑墙体单元，使用时组合成各种墙体。

（2）挤压秸秆墙体材料

又叫施强板，原为英国技术。20世纪我国从国外引进了几条生产线。其中有两条安装在辽宁省，后来上海板机厂生产了这种墙体材料的整套设备，并在上海郊区建立了一个示范工厂，还建成了一座别墅示范房。但这种产品在我国一直未能推广。

（3）平压法轻质保温内衬材料

这是南京林业大学开发的新技术，并获得了发明专利。该产品先把秸秆加工成50mm原料单元，施加异氰酸酯胶粘剂，再铺装成板坯，压成轻质内衬保温材料，做成墙体时，在内衬材料两面覆水泥板或木质定向结构板。

（4）定向结构板组合墙体

定向结构板作为墙体两侧面材料，做成空芯框架，内部填入秸秆纤维束，这是美国的一种墙体技术。

截至目前，上述四种墙体形式中，有些还有待于转化为工业化生产。

（5）秸秆纤维与塑料复合材料

目前人造板工业与其他行业一样，在努力实现循环经济，用废木材废塑料为原料生产木塑复合材料就是其中一例。以秸秆纤维为基本原料，代替木材原料与废塑料混合，再用挤塑机可加工成各种用途的产品，这种产品即是秸秆纤维与塑料复合材料。

7.2.2 有机胶凝材料基秸秆建材的原料选用原则

1. 胶粘剂的选用

由于麦秸和稻秸表面含有不利于胶合的蜡状物，润湿性差，靠传统的水溶性脲醛树脂和酚醛树脂是不能把他们胶合在一起的，即使添加了昂贵的耦联剂，胶合效果也不尽如人意。过去多年来秸秆人造板生产发展之所以缓慢，原因就在于找不到一种合适的胶粘剂。

有了异氰酸酯胶粘剂（MDI）后，可以实现将麦秸和稻秸碎料很好的胶合起来。这种胶粘剂能够在较高含水率条件下固化，在工艺上对碎料的干燥要求不高。异氰酸酯胶粘剂具有极好的对大多数物质都相容的粘合性，然而这一特性也导致在热压时粘板的问题，这是工艺上的一个主要难题。目前，有四种办法可以采用：

（1）添加脱模剂。加在胶粘剂中的称为内脱模剂；喷洒在板坯上下表面的称为外脱模剂。

（2）使用聚四氟乙烯做隔离材料。氟树脂具有对大多数材料不粘的特征，使用时可以把树脂涂在金属压板或者金属垫板上，也可以用氟树脂浸渍碳纤维布，做成不粘软垫板，这种方案的最大缺点是成本太高。

（3）用纸做隔离层。在碎料铺装时，在其上下两面各铺上隔离纸，并一起推入压机热压，热压结束后，借助砂光工序把隔离纸去除尽。

（4）复加粉末隔离层，在碎料铺装机两侧，各加一个气流铺装头，把不加胶的秸秆粉末铺放在板坯的上下表面，推入压机热压，卸板时把粉末吸除，此外在砂光时也可清除粉末。目前，在国产秸秆碎料板生产线上，采用了两表面铺放粉末隔离层，同时又喷洒外脱模剂的做法，取得了良好的效果。

2. 秸秆的选用

农作物秸秆的宏观和微观构造均与木材有较大区别，秸秆多为禾本科植物，纤维稍短，非纤维细胞较多。麦秸纤维平均长度为 1.32mm，宽度为 $129\mu m$；稻秸纤维平均长度为 0.92mm，宽度为 $8.1\mu m$。从纤维形态上考虑，麦秸更适合于用作秸秆碎料板的原料。秸秆的化学组成与本材也有差异，麦秸的纤维素含量为 40%，木素含量为 22%，灰分为 6%；稻秸的纤维素含量为 36%，木素含量为 14%，灰分为 15%。与木材相比，纤维素含量偏少，灰分偏多。秸秆表面富含一种脲醛胶粘剂难以润湿的蜡状物质，并集中了大量硅元素，给胶粘剂的润湿及胶合固化带来了很大的困难，所以要进行表面处理。其主要机理在于：通过上述处理，消除秸秆表面的难胶合物质，激化表面物质活性，分散不利于胶合的物质的作用，改变影响胶合的官能团的数量和分布。当前成本最低、处理效果也比较明显的方法首推水热处理和机械处理相结合的方法。试验结果表明，用上述方法处理后，可显著改善秸秆表面的胶合特性，在不增加胶粘剂的前提下，所制成的碎料板其物理力学性能有一定的提高。有些方法尽管处理效果不错，但设备投资太大，限制了该方法的推广，比如等离子体方法。

7.2.3 有机胶凝材料基秸秆建材的生产工艺

1. 异氰酸酯作为胶粘剂的秸秆刨花板生产工艺流程图（图 7-5）。

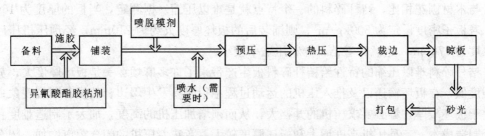

图 7-5 异氰酸酯秸秆刨花板生产工艺流程图

2. 生产过程中需要注意的问题

（1）原料收集贮存

为了保证有稳定的原料供应来源，企业一般在乡镇建立秸秆收购中心，有的企业还把秸秆碎料制备工序放到了乡镇。秸秆贮存很有讲究，必须保证秸秆原料垛通风、防雨，还要避免腐朽和霉变，尤其要高度防范自燃现象发生。目前为止，秸秆运输通常有三种方法：第一，散装运输，用船进行水运，用拖拉机进行陆运；第二，打包运输，有方捆和圆捆之分，一般打成方捆者居多；第三，有人设想把秸秆加工成原料中间体，比如球状或者圆柱状，用袋装运输。为了保证原料中间体有一定强度和足够耐久性，在制造过程中可以添加一定的胶粘剂和防腐防霉剂。制造原料中间体的设备可以借鉴饲料设备厂制造的饲料造粒机。

（2）秸秆原料的粉碎加工

根据工艺要求，用于秸秆碎料板的原料，其筛分值一般在 8～80 目的各档之间。理论上希望碎料单元呈纤维状，要努力避免粉末状。为了达到这一目标，应当从两条途径入手：一是要保持秸秆的含水率在 10% 左右，过高或过低都不适宜；二是要选择合理的粉碎加工设备。

（3）秸秆碎料的拌胶

秸秆碎料的堆积密度很小，只有 30～50kg/m³，因而单位重量的碎料体积很大，无疑表面积也大幅度增加，而用异氰酸酯胶生产秸秆板的施胶量比较低，麦秸碎料施胶量为 3%～4%，秸秆碎料施胶量为 4%～5%，如果采用常规的注入式拌胶方法，则碎料的施胶覆盖率和着胶均匀性都很差，会产生缺胶现象，不能保证板材达到合格的质量。刨花板生产中通常有两种拌胶设备，即滚筒拌胶机和环式拌胶机，分别基于雾化和摩擦两种拌胶机理。秸秆碎料板生产多用滚筒拌胶机，但拌胶不匀状况时有发生；也有用环式拌胶机的，所暴露出的拌胶不均匀问题更大。有研究者经过大量试验，发明了"雾化加摩擦"复合拌胶理论，设计制造了"滚筒式"组合拌胶系统，设备在工作时，首先借助高压喷头，把异氰酸酯树脂雾化，喷洒在碎料表面上，施过胶的碎料接着经过环式拌胶机，在高速搅拌作用下使碎料之间相互摩擦，通过摩擦传递胶液，从而扩大着胶表面积，提高施胶均匀性。试验表明，在不增加用胶量的基础上，使用滚筒加环式组合拌胶系统，拌胶效果明显优于其中任何一种单一拌胶系统，压制出来的板材质量也相对提高。

（4）秸秆碎料的压缩

碎料的压缩是生产秸秆板材的难点所在。

与木材刨花相比，秸秆碎料的一个特点就是难以压缩。据测定，当板的厚度为 16mm 时，若板子密度设定为 800kg/m³，则铺装后的板坯厚度大约为 210mm，经预压机压后回弹厚度为 170mm，这意味着秸秆碎料压缩率较小。

秸秆碎料难以压缩的特性给秸秆碎料板生产带来了许多麻烦：一是板坯厚度大，势必初强度低，在板坯输送以及推入压机的运动过程中很容易发生塌边、破损和断裂现象；二是由于板坯较厚，势必要求压机的开档大，从而须增加压机的高度，加大了制造难度和提高了制造成本；三是压机高度增大和板坯厚度较大，意味着压机的闭合距离增加，闭合时间延长。此外，板坯疏松，板坯内的空气含量增大，板坯闭合时产生的气流运动有可能影响板坯结构。

秸秆碎料的难以压缩是由原料本身特性和工艺属性决定的，可以通过技术措施改变其造成的不利影响。有资料指出，在条件许可时，可以考虑用连续式压机替代多层压机。

秸秆碎料的堆积密度太低还给管道气力输送带来困难，主要是体积增大，常常发生堵塞，因此在进行气力输送设计时，务必要注意这一点。

（5）秸秆碎料的胶粘剂

目前，秸秆板材多使用污染性较大的"三醛"物质作为胶粘剂，虽然价格低廉但醛类物质挥发给用户造成较大伤害，必然将要退出市场。异氰酸酯胶粘剂不含醛类物质，对人体不造成伤害，是未来的一个发展方向，但从目前看，异氰酸酯的使用存在以下问题：

目前秸秆建材工艺使用异氰酸酯胶粘剂的工艺流程是将秸秆碎料拌胶以后再铺装成板坯，测定其初强度，结果表明，此时板胚的强度只相当于木质刨花板坯的20％左右，这给制板工艺带来了两个严重的问题：一是当采用连续式预压机对秸秆碎料板坯进行连续预压时，有可能因作用力的影响而使板坯结构受到破坏；二是板坯的纵向抗拉强度太低，在运输带上有可能因为带速差而被拉断，也可能使板坯在推进压机时发生坍塌。总之，使用异氰酸酯胶的秸秆板坯由于初强度低，不适宜采用无垫板装卸。这一点，已经在生产实践中得到了证明。

解决这个问题的关键在于，用秸秆作原料和用异氰酸酯作胶粘剂，板坯必须采用有垫板输送。垫板回送分为平面垫板回送和立体垫板回送。现有的生产秸秆碎料板生产线采用金属垫板平面回送系统。

此外，还可以从工艺方面入手考虑提高初强度，方法之一就是努力实现秸秆原料的纤维化，提高单元长度，增加物料之间的相互接触面积和增加机械结合力。

（6）秸秆板材的热压成型

经测定，麦秸和稻秸的导热系数低于木材，这对热压时板坯内部的传热特性产生了重大影响。使板坯芯层温度达到130～140℃，所花的时间比木材板坯要长的多，这使整个热压时间相应延长，秸秆板压机的生产能力也比压制木材刨花板大为降低，只能达到后者的70％。因此，在设计秸秆碎料板热压机时，必须要乘以一个放大系数，以保证生产能力。例如，国内生产的年产5万 m^3 的秸秆碎料板生产线多配备一台大幅面的10层热压机，如果用其来生产木质刨花板，生产能力可能会达到6～7万 m^3。

热压时间还取决于异氰酸酯的固化速度，这也许是一个比秸秆碎料传热性更加重要和活跃的因素。据最新研究表明，异氰酸酯的固化速度已经缩短到5～20s/mm，目前，国内秸秆碎料板生产线上所用的热压时间大都是20～40s/mm，热压温度为180℃。考虑到秸秆碎料不易压缩，为了减少闭合时间，应采用较高的闭合初压力，如2.5～3.0MPa，热压曲线为三段降压式。

秸秆碎料板坯热压中的另一个问题是宽幅面压机在排气过程中往往会出现"炸板"或产生鼓泡。其主要原因是由干板坯芯层水分过量，导致蒸气过量，排气通道不畅或排气速度过快，尤其在板子密度较高时更为明显，一般应通过改变工艺参数和降压方式来解决。

（7）秸秆碎料板的切削

在秸秆碎料板生产过程中，当用圆锯裁边或分割幅面时，常常发现锯片比切割木质刨花板容易变钝。对秸秆板进行定厚砂光时，也出现砂带磨损加快现象。排除密度过大因素，究其原因，主要是因为麦秸和稻秸材料中含有硅，大大增加了锯切和砂削的难度，从而造成刀具和砂带的快速磨损。

解决上述问题的办法有两个：一是改进刀具或砂带设计，如改变切削角度，减少切削阻力；二是选用新型切削材料，如金刚石材料等。

7.2.4　有机胶凝材料基秸秆建材的应用现状及存在问题

秸秆板的研究开始于 20 世纪初，德国于 1905 年利用麦秸秸秆等原料与胶粘剂混合进行过制板研究。1920 年美国建立了蔗渣制板生产厂。1930～1940 年美国也进行过利用秸秆制造绝缘板的研究。英国于 20 世纪 40 年代开始用稻草和秸秆制造纸面草板。1970 年联合国工发组织就非木材人造板召开会议，把原料扩大到各种秸秆材料。20 世纪 80 年代，在美国北部和加拿大开始利用麦秆进行研究，并最终实现了完整工业体系，1948 年，比利时也建成了生产线，俄罗斯利用麻秆、棉秆以及麦秸秆也制造出了优异的人造板。

我国开发农业剩余物生产非木质人造板始于 20 世纪 50 年代末。进入 20 世纪 90 年代后期，中国林科院、南京林业大学、东北林业大学、哈尔滨东大公司主要研究方向大都集中在麦秸碎料板、稻草碎料板、麦秸纤维板、麦秸/塑料复合人造板等方面。中国林科院木材工业研究所自 20 世纪 90 年代后期开始进行麦秸 MDF 生产线成套设备的研究与开发，并于 2003 年在山东淄博开始筹建国内首条具有自主知识产权的、年产 1.5 万 m^3 的麦秸 MDF 生产线。

此外，南京林业大学还发明了平压麦秸墙体材料，将麦秸压制成低密度的热绝缘板，然后饰以水泥或石膏，可用做框架结构房屋的内外墙，其成本低于现在的轻质墙体材料。湖北荆州基立环保板材有限公司、江苏鼎元科技发展有限公司、四川国栋建设股份有限公司相继采用国内或者国外的技术建成了大规模的生产线。在陶氏等世界企业巨头尝试生产秸秆健康板材失败之后，由万华生态板有限公司，经过 8 年的技术工艺等方面的探索，2007 年 7 月 28 日，在湖北公安县的工厂实现连续化生产，真正成为全球第一条原料多样化、零甲醛秸秆人造板生产线。

秸秆板材具有强度高、产品幅面大、防火、防水、绿色环保、成本低廉等特点。产品花色品种繁多，有上百种，产品能钉、锯、刨、粘，具有与木质板完全相同的应用与加工特性。广泛用于商场、宾馆、酒家、夜总会、车站、办公楼、居室的墙壁、门窗、墙裙、吊顶等室内装饰，在高档家具、房门、隔间方面也用途广泛。但鉴于以下特点，在推广使用方面还存在一些问题。

1. 部分地区的生产成本与产品价格缺乏竞争力

由于秸秆利用率低，成本高，导至在部分地区的生产成本相对于木片没有价格优势，缺乏竞争力。

2. 原料收集贮存难，生产得不到保证

秸秆的收割有季节性，因此为了保证生产，企业必须考虑贮存场地的建设投资，必须考虑较大的流动资金占有，无形中增加了成本费用，这是生产者不愿意接受的。

3. 设备专业化程度低

对秸秆纤维的特殊处理，诸如：除皮、除髓芯、脱蜡等专业化处理考虑不够完善，大多沿用了生产木材为原料的人造板设备，缺乏针对秸秆加工的特殊性和制造的特殊要求。

4. 政策导向和人们传统观念的影响

以农业秸秆为原料生产建筑板材没有给予像增值税退税等优惠政策，从而影响了部分生产企业的积极性。再者消费者看到的是秸秆简单的替代木屑，在质量或者工作性能上没有进步，所以宁可相信原来的产品，而不愿相信这种替代品。

7.2.5 有机胶凝材料基秸秆建材的最新研究成果

在处理秸秆纤维时，可以使用水煮或蒸爆处理，这种方法的优点是不需要添加酸或者碱等化学药品。其中蒸爆处理被认为是植物纤维素资源转化利用过程中取得的重大突破。这种方法在农业和制糖业都有所应用，其利用高温、高压蒸汽对纤维素物料进行处理，使其发生一系列物理和化学变化，改善纤维性能。采用蒸爆技术以农作物秸秆为原料生产无胶纤维板具有较高的经济效益、社会效益和环境效益。美国专利采用水蒸汽、氨等作为工作介质对植物纤维素进行蒸爆处理，为加大处理强度，H. Mamers 等提出了在反应器中充入氮气的中温高压力蒸爆方法。蒸爆处理使物料中的半纤维素部分分解为低分子糖类，这些糖类与蒸爆过程中活化了的木质素在热压过程中形成纤维粘结的胶粘剂，免去了施胶工序，制成的纤维板无甲醛逸出的污染。由于无需任何化学物质，也无需任何催化剂，因此这是一项洁净、环保的技术。

最新的研究结果表明，将麦秸或稻草首先经过喷蒸热处理，继而再用纤维解离设备将秸秆高度分离，尽可能使秸秆原料呈纤维状，将秸秆表面含有不利于胶合的物质有效分散，然后经过干燥，再施加一定量的脲醛树脂胶，可以使板材获得比较理想的胶合性能。南京林业大学研究人员分别以麦草和稻草进行纤维解离或原料破碎，得到秸秆纤维和刨花，施加脲醛树脂胶粘剂后制成的中密度纤维板或碎料板，产品性能可望符合中国有关标准的要求。

零甲醛秸秆板，是采用以异氰酸酯树脂（MDI）为主要原料的生态胶粘剂，将农作物秸秆粘合制成的，可以用于家俱、地板等建筑板材。由于该生态胶粘剂固化后无游离甲醛释放，因此，此种板材被称之为"绿色环保型"人造板材。

7.2.6 有机胶凝材料基秸秆建材的标准及验收

有机胶凝材料基秸秆建材的性能测试依据标准如下：

1.《麦（稻）秸秆刨花板》（GB/T 21723—2008）

2.《定向刨花板》（LY/T 1580—2000）

3. 耐燃性：依据《建筑材料燃烧性能分级方法》（GB 8624—1997）标准测定。

4. 甲醛释放量：依据《人造板及其制品中甲醛释放量测定》（GB/T 23825—2009）标准测定。

参 考 文 献

[1] 常靖莹. 浅谈泡沫混凝土在建筑中的应用 [J]. 房材与应用, 2005, 33 (4): 21-25.

[2] 魏惠媛, 任孝平. 泡沫混凝土砌块的性能及施工注意事项 [J]. 砖瓦, 2004, (4): 32-33.

[3] 李术军. 泡沫混凝土在国内外建筑工程中的应用 [J]. 民营科技, 2008, (7): 192.

[4] 杨久俊, 张海涛, 张磊等. 粉煤灰高强微珠泡沫混凝土的制备研究 [J]. 粉煤灰综合利用, 2005, (1): 10-13.

[5] Guoqiang Li, Venkate D. Muthyala. A cement based syntactic foam [J]. Materials Science & Engineering, 2008, (478): 77-86.

[6] D Aldridge. Foamed concrete [J]. Concrete, 2000, 34 (4): 20-23.

[7] 潘志华, 陈国瑞, 李东旭等. 现浇泡沫混凝土常见质量问题分析与对策 [J]. 建筑石膏与胶凝材料, 2004, (1): 4-7.

[8] 潘志华, 程麟, 李东旭等. 新型高性能泡沫混凝土制备技术研究 [J]. 新型建筑材料, 2002, (5): 1-4.

[9] 张巨松, 扬合, 曾尤. 国内外混凝土发泡剂及发泡技术的分析 [J]. 低温建筑技术, 2001, (4): 66-67.

[10] 张巨松, 杨合, 刘军华. 泡沫混凝土泡沫发生器的研制 [J]. 混凝土, 2001, (1): 50-52.

[11] Kearsley E. P, Wainwright P. J. The effect of high fly ash content on the compressive strength of foamed concrete [J]. Cement and Concrete Research, 2001, (31): 105-112.

[12] E. K. Kunhandan Nambiar, K. Ramamurthy. Air-void characterization of foam concrete [J]. Cement and Concrete Composites, 2007, (37): 221-230.

[13] Kearsley E. P, Wainwright P. J. The effect of porosity on the strength of foamed concrete [J]. Cement and Concrete Research, 2002, (32): 233-239.

[14] Kearsley E. P, Wainwright P. J. Ash content for optimum strength of foamed concrete [J]. Cement and Concrete Research, 2002, (32): 24-246.

[15] 王永兹. 粉煤灰泡沫混凝土的生产与应用 [J]. 福建建设科技, 2001, (2): 35-36.

[16] 王少武. 提高泡沫混凝土抗压强度的研究 [D]. 无锡: 中南大学硕士学位论文, 2005.

[17] 向才旺. 建筑石膏及制品 [M]. 北京: 中国建材工业出版社, 1998.

[18] 李枚. 石膏砌块作为轻质隔墙的应用 [J]. 攀枝花学院学报, 2007, 24 (3): 81-83.

[19] M. Si ngh, An Improved Processfor Purification of Phosphogypsum [J]. Construction and Building Materials. 1996, (8): 597-600.

[20] M. Si ngh, G. M . rid ulforced. Gypsum-based fiber-reincomposites an alternative to Jimber [J]. Construction and Building Materials. 1994, (3): 155-160.

[21] R. Lutz, Preparation of Phosphate Acid Wastes Gypsum for Further Processing to Make Building Materials [J]. Zement-Kalk-Lips 1995, (2): 98-102.

[22] 宁廷寿等. 用磷石膏生产建筑石膏的研究 [J]. 新型建筑材料, 2000 (4).

[23] 刘毅, 黄新. 利用磷石膏加固软土地基的工程实例 [J]. 建筑技术, 2002, 33 (3): 171-173.

[24] 郭翠香, 石磊, 牛冬杰, 赵由才. 浅谈磷石膏的综合利用 [J]. 中国资源综合利用, 2006, 24 (2): 29-32.

[25] 桑以琳，冯素珍．磷石膏在肥料应用中的研究［J］．内蒙古农业大学学报，1993，（4）：35-39．

[26] 毛常明，陈学玺．石膏晶须制备的研究进展［J］．化工矿物与加工，2005，（12）：34-36．

[27] 王方群．粉煤灰-脱硫石膏固结特性的实验研究［D］．河北：华北电力大学，2003．

[28] M. U. K. Afridi, Y. Ohama, M. Zafar Iqbal, K. Demura. Water retention and adhesion of powdered and polymer-modified mortars ［J］. Cement and Concrete Composites, 1995 (17)：113-118.

[29] 陈燕，岳文海，董若兰．石膏建筑材料［M］．北京：中国建材工业出版社，2003：22-34．

[30] 彭家惠，张建新，彭志辉，万体智．磷石膏颗粒级配、结构与性能研究［J］．武汉理工大学学报，2001，23 (1)：6-11．

[31] 卓蓉晖．磷石膏的特性与开发应用途径［J］．山东建材，2005 (1)：46-49．

[32] 陈雅斓，李玉香．碱—粉煤灰—矿渣水泥作 GRC 胶结材的试验研究［J］．西南科技大学学报，2005，20 (2)：38-41．

[33] 潘庆林．粒化高炉矿渣的水化机理探讨［J］．水泥，2004 (9)：6-10．

[34] 黎良元，石宗利，艾永平．石膏—矿渣胶凝材料的碱性激发作用［J］．硅酸盐学报，2008，36 (3)：405-410．

[35] Yang Wencui, Ge Yong, Yuan Jie, et al. Effect of inorganic salts on degree of hydration and pore structure of cement pastes ［J］. Journal of the Chinese Ceramic Society, 2009, 37 (4)：622-626.

[36] 聚氨酯硬泡芯材夹层结构的开发与应用［J］．王章忠，沈志良．化学建材，2003.4：21-24．

[37] "一种保温屋面板及其制作方法"，专利号：ZL 20081001376503．

[38] 纤维增强聚合物水泥基轻质保温屋面板"专利号 ZL 200410010935.4．

[39] 王宝民，王立久，张文琳．DIPY 建筑模网墙体保温性能研究［J］．低温建筑技术，2003，（5）：74-76．

[40] 李鹏．建筑模网混凝土剪力墙基本性能仿真研究［D］．大连理工大学硕士学位论文，2005.12．

[41] 王立久，任铮钺，周要武．建筑模网混凝土保温屋面体系的工程应用．建筑技术，2003，（10）：743-745．

[42] 王少武．提高泡沫混凝土抗压强度的研究［D］．中南大学硕士学位论文，2005.12．

[43] 杨新磊．浮石及其混凝土的性能与应用研究．河北工业大学硕士学位论文，2004.3．

[44] 姜欢．稻草纤维生产水泥基泡沫保温墙体材料的研究［D］．大连理工大学硕士学位论文，2008.6．

[45] 白绘宇．植物纤维/聚丙烯复合材料结构与性能的研究［D］．北京化工大学，2002．

[46] Savastano Jr H, Warden P G, Courts R S P. Potential of alternative fiber cements as building materials for developing areas. Cement and Concrete Composi tes, 2003, (25)：585-592.

[47] ACI Committee 544. Fiber Reinforced Concrete. ACI 544, 1997, 78-96.

[48] Jones MR, Mccarthy A. Prelimininary views on the potential of foamed concrete as a structural material. Magazine of Concrete Research. 2005, 51：21-31.

[49] Seung Bum Park。Effects of processing and materials variations on mechanical properties of litweight cement composites. Cement and Concrete Research, 1999, 29：193-200.

[50] 曹万智，正洪镇，绍继新．纤维增强微孔轻质混凝土系列墙体制品的研制开发［J］．建筑砌块与砌块建筑，2004，4：39-43．

[51] 张洞天．浅析建筑屋面的保温与节能．林业科技情报，2008 (2)：60．

[52] 朱盈豹．保温材料在建筑墙体节能中的应用．北京：中国建材工业出版社，2003．

[53] 王铁凝．唐山地区农村住宅建筑节能改造措施研究：（硕士学位论文）．河北：河北工程大学，2008 (5)：43-44．

[54] 韩喜林．新型建筑绝热保温材料应用．北京：中国建材工业出版社，2005．

[55] 王红．浅析倒置式屋面设计中的几个问题．山西建筑，2005，31 (19)：33．

[56] 宋金伦，李迁，朱效荣，夏伟民．有机硅混凝土防水剂的研究．辽宁建材，2006（2）.

[57] 黄月文，刘伟区，罗广建．有机硅建筑材料．广州化学，2001，26（1）.

[58] 王雪英，王文学，李运伟，安永海，陆宁．有机硅防水砂浆在天赐园小区工程中的应用．混凝土，2003（4）.

[59] 沈春林等．刚性防水及堵漏材料．北京：化学工业出版社，2004.

[60] 李记鹏，刘争奇．浅谈倒置式屋面结构及其技术要点．重庆石油高等专科学校学报，2003，5（3）：63.

[61] 金虹，赵华．严寒地区村镇住宅围护结构本土生态技术研究．建筑节能46，涂逢祥主编．北京：中国建筑工业出版社，2006（9）：94-96.

[62] 屈万英，葛翠玉．夏热冬冷地区村镇住宅的建筑节能．住宅科技，2007（1）：23-24.

[63] 贺慧宇．农村未来建筑可持续发展路在何方．中国建设报，2008（3）：1-2.

[64] 陈培豪．村镇住宅建设的现状与对策．山西建筑，2005（24）：20.

[65] 张丽丽，杨祖贵，王怀德．寒冷地区现有农村住宅节能改造策略．工业建筑，2009，39（7）：23.

[66] 我国农村建筑节能形势严峻但潜力巨大．科学时报，2009（1）.

[67] 张海文．村镇住宅节能适用技术．建设科技，2004（20）：22

[68] 熊梅．农村住宅的社会思考．安徽农业科学，2009，37（10）：47.

[69] 李永琴．北方农村住宅现状及其未来发展．山西建筑，2009，35（5）：33.

[70] 钱坤，王若竹，董丽欣．寒冷地区屋面节能分析．吉林建筑工程学院学报，2008，25（2）：71-72.

[71] 苑文乾．北方地区部分小城镇建筑节能状况与节能策略的研究：（硕士学位论文）．天津：天津大学，2006：35-36.

[72] 王特．京郊村镇居住建筑节能研究：（硕士学位论文）．北京：北京林业大学，2005：51.

[73] 王铁凝．唐山地区农村住宅建筑节能改造措施研究：（硕士学位论文）．河北：河北工程大学，2008：26.

[74] 杨令．鄂东北地区农村住宅节能设计研究：（硕士学位论文）．武汉：武汉理工大学，2008.

[75] 董洪庆．关中农村住宅形态与节能设计研究：（硕士学位论文）．西安：西安建筑科技大学，2009.

[76] 李向超，陈淼．现代农村住宅节能设计浅析．设计与施工，2007.

[77] 金虹．黑龙江省农村住宅节能技术研究．建设科技，2009.

[78] 艾尔肯，吐拉洪，马永军，艾斯哈尔．新疆农村民居——"阿依旺"式住宅建筑的节能浅析．建筑经济，2008年6月增刊：25.

[79] 苗慧民．村镇住宅节能屋面保温隔热系统研究：（硕士学位论文）．大连：大连理工大学，2009.

[80] 郑涌林．倒置式屋面技术分析．住宅科技，2006（7）：37.

[81] 刘志国．倒置式屋面的技术分析．科技资讯，2007（28）：28.

[82] 毛开宇，高懿琨．倒置式保温屋面建筑构造的探讨．长春工程学院学报（自然科学版），2004，5（1）：39.

[83] 李记鹏，刘争奇．浅谈倒置式屋面结构及其技术要点．重庆石油高等专科学校学报，2003，5（3）：63.

[84] 穆东．传统式屋面与倒置式屋面应用特性的分析．砖瓦，2002（6）：52.

[85] 郭跃庚，王庆童，邓庆锡．屋面保温及防水工程的现状与发展走向．辽宁建材，2006（2）：35.

[86] 扬子江．夏热冬冷地区村镇住宅建筑节能探索．工业建筑，2005（7）：16.

[87] 苑文乾．北方地区部分小城镇建筑节能状况与节能策略的研究：（硕士学位论文）．天津：天津大学，2006：35-36.

[88] 蒋勇．倒置式屋面的构造与施工应用．山西建筑，2008，34（3）：155.

[89] 牛福生，倪文．倒置式屋面的应用特点与发展前景．建材发展导向，2004（2）：61.

[90] 毛开宇，高懿琨．倒置式保温屋面建筑构造的探讨．长春工程学院学报（自然科学版），2004，5 （1）：41.

[91] 李记鹏，刘争奇．浅谈倒置式屋面结构及其技术要点．重庆石油高等专科学校学报，2003，5 （3）：64.

[92] 文俊强，陈益民．我国无机胶凝材料基秸秆建材发展现状．材料导报，2007，12. 第 21 卷第 12A 期.

[93] 崔玉忠，崔琪．植物秸秆水泥条板及成组立模生产技术．新型墙材，2006，8.

[94] Shen Rongxi，Cui Qi，Cui Yuzhong Glass Fibre Reinforced Sulphoaluminate Cement-A Substitute for Asbestos Cement In：Bhanumathidas N，，Kalidas N eds. Proceedings of Second International Symposium on Concrete Technology for Sustainable Development with Emphasis on Infrastructure. Feb. 27-Mar. 3，2005 Hyderabad，India，349.

[95] 沈荣熹．纤维水泥制品工业的现状、动向及展望．见：叶启汉主编，纤维水泥制品行业论文集．北京：中国建材工业出版社，2000，13.

[96] 沈荣熹，崔琪，李清海．新型纤维增强水泥基复合材料．北京：中国建材工业出版社，2004.

[97] 黄华大．秸秆镁质水泥轻质条板的生产及应用．墙材革新与建筑节能，2002，4.

[98] 江嘉运，肖力光．用氯氧镁水泥和秸秆生产轻质空心条板．混凝土与水泥制品，2004，3.

[99] 缪建华，贾一春．高强镁质复合墙体材料的研究．江苏建筑，2004，1.

[100] 赵祥，李嘉华．改性氯氧镁水泥吸声保温板在建筑节能中的应用．保温材料与建筑节能，2004，3.

[101] 马超良．氯氧镁水泥植物纤维墙板工艺改进与新产品开发．建材工业信息，2005.

[102] 王力，常洪文．植物轻质复合墙板．专利号：200410043916.1.

[103] 陈阁琳，周忠明．秸秆镁质水泥轻质条板（SMC）施工技术研究与应用．重庆建筑，2008. NO. 11 总第 61 期.

[104] 陈益民，吴明慧．生物质建材—秸秆人造板发展现状．材料导报，2007，12. 第 21 卷第 12A.

[105] 杨平德．异氰酸酯粘合剂在农作物秸秆人造板工业中的应用研究．山东大学硕士学位论文. TQ433，2004110404020.

[106] 王戈，余雁．国内外麦秸板的研究、生产及发展．世界林业研究，2002，13（1）：36-42.

[107] Bowyer，Jim L，Stockman，Volker，E Agricultural residues—an exciting bio-based raw material for the global panels industry Forest Prod 2001，51（1）：10～21.

[108] Arnold L. Making insulating board from cornstalks Cellulose 1930，（1）：272～275.

[109] David. A. Pease Wood Process Adapted to Straw Particleboard Wood Technology，1998，124（7）：20，22，24.

[110] Han G，Umemura K，Kawai S，Kajita H Improvement mechanism of bondability in UF-bonded reed and wheat straw boards by silane coupling agent and extraction treatments J Wood. Sci 45：299-305.

[111] 恩斯特-柏林克曼．以一年生植物作为生产刨花板的原料．木材工业，1990，4（3）：40-45.

[112] Pease，David A Wood Process adapted to straw particle board wood technology 1998，124（7）：20-22，24.

[113] Rich Donnel Isobord's straw panel in Manitoba completes firest year production Panel World 1999，40（6）：8-11.

[114] 陆仁书等．稻草碎料板制造工艺研究．林产工业，1988，（6）：4-8.

[115] 吴明慧，陈益民，文俊强．生物质建材研究——秸秆预处理工艺．材料导报，2007（12A）：47-49，21.

[116] 荆其敏．生土建筑．建筑学报，1994，43-47.

[117] 刘晓虎．本源——论生土建筑的现实意义．当代视野，2003．32-33.

[118] 中国建筑学会窑洞及生土建筑调研组．中国生土建筑．天津科学技术出版社，1985：1-150.

[119] 许志建，朱峰．生土材料性能及其施工方法浅议．科技信息．2009，9：424.

[120] 尚建丽，刘加平，赵西平．低能耗夯实粗粒土建筑特性的试验研究．西安建筑科技大学学报，2003，35（4）：325-328.

[121] 钱觉时，王琴，贾兴文，别安涛．燃煤电厂脱硫废弃物用于改性生土材料的研究．新型建筑材料，2009，(2)：28-31.

[122] 刘军，袁大鹏，周红红，赵金波．狗尾草对加筋土坯力学性能的影响．沈阳建筑大学学报，2010，26（4）：720-723.

[123] 张波，生土建筑墙体改性材料探讨．攀枝花学院学报，2010，27（3）：27-29.

[124] 王赟，张波．生土建筑在灾后重建中的应用研究．世界地震工程，2009，25（3）：159-161.

[125] 王军，吕东军．走向生土建筑的未来．西安建筑科技大学学报，2001，33（2）：147-149.

[126] Standard for rammed earth construction, NMAC. 1991, 1-7.

[127] Gregory Moor & Kevan Heathcole. Earth building in Australia durabilityresearch. Modern Earth Building 2002—Berlin.

[128] NZS4297：1998 Engineering design of earth buildings, Standards New Zealand. 1998.

[129] Maria Isabel Kanan. An analytical study of earth-based building materials in southern Brazil. material and craftsmanship, terra 2000.

[130] McHenry, Paul Graharn. Adobe and Rammed Earth Building. 1984.

[131] David Easton. The Rammed Earth House. 1996.

[132] Thomas Kleespies. The history of rammed earth building in Switzerland. Terra2000，137-138.

[133] Matthew R. Hall. Assessing the environmental performance of stabilised rammed earth walls using a climatic simulation chamber. Building and Environment 42 (2007)：139-145.

[134] Hanifi Biniei, orhan Aksogan & Tahir Shah. Investigation of fibre reinforced mud briek as a building material. Construction and Building Materials，19（2005）：313-318.

[135] P. A. Jaquin, C. E. Augarde & C. M. Gerrard. Analysis of Tapial structures for modern use and conservation. Structural Analysis of Historical Constructions，2004.

[136] M. Carmen Jimenez Delgado, Ignacio Canas Guerrero. Earth building in Spain. Construction and Building Materials，20（2006）：679-690.

[137] Jayasinghe C, Kamaladasa N. Compressive strength characteristics of cement stabilized rammed earth walls. Construction and Building Materials，2007，21（11）：1971-1976.

[138] 陈嘉．改性土体材料及土坯砌体的受压力学性能研究．新疆大学硕士学位论文．2009：11-39.

[139] 刘挺．生土结构房屋的墙体受力性能试验研究．长安大学硕士学位论文．2006：17-42.

[140] 尚建丽．传统夯土民居生态建筑材料体系的优化研究．西安建筑科技大学博士学位论文．2005：22-134.

[141] 陶忠，潘兴庆，潘文等．云南农村民居土坯墙体单块土坯力学特性试验研究．工程抗震与加固改造，2008，30（1）：99-104.

[142] 石坚，李敏，王毅红．夯土建筑土料工程特性的试验研究．长安大学学报，2006.

[143] 王毅红，王春英等．生土结构的土料受压及受剪性能试验研究．西安科技大学学报，2006，26（4）：469-472.

[144] 尚建丽，刘加平等．夯土建筑材料耐久性试验研究．西安建筑科技大学学报，2006.

[145] 钱家欢，殷宗泽．土工原理与计算．第二版．中国水利水电出版社，2000：1-60.

［146］Karlence Fine and Clifford Porter. Use of bottom ash and fly ash in rammed earth construction. Energy& Environmental Research Center University of North Dakota，2000，1-28.

［147］Kevan Heathcote. Earthwall construction compressive strength of cement. stabilized pressed earth blocks. Building Research and Information，1991，Vol. 19：101-105.

［148］Dad Monayem M D. The use of cement stabilised soil for low cost housing in developing countries. PhD Thesis. University of Newcastle Upon Tyne，1985.

［149］刘军，褚俊英，赵金波，袁大鹏．掺和料对生土墙体材料力学性能的影响．建筑材料学报，2010. 13（4）：446-451.

［150］Jagadish K S，Reddy VB V. The Technology of Pressed Soil Blocks for Housing：Problems and Tasks. International Colloquium on Earth Construction for Developing Countries，Brussels，Belgium，1994，226-243.

［151］周艳，蔡长庚，郑小瑰，贾德民．蒙脱土的有机改性概述．材料科学与工程学报，2003. 12.

［152］Michele Dondi，Paolo Principi，Mariarosa Raimondo，Giorgio Zanarini，Water vapour Permeability of clay bricks，Constructure and Matierals 2003，Vol. 17，253-258.

［153］杨雪强，朱志政，韩高升．对土样湿冻强度破坏标准的探讨．湖北工业大学学报，2006.

［154］刘军，盛国栋，刘宇．固化剂掺量对生土墙体材料性能的影响．沈阳建筑大学学报（自然科学版），2010，26（3）：517-521.

［155］唐明，邱晴，王博．现代混凝土外加剂及掺合料．东北大学出版社，1999：100-112.

［156］杨雪强，朱志政，韩高升．对土样强度破坏标准的探讨．湖北工业大学学报，2006，21（5）：1-5.

［157］陈文豹．混凝土外加剂及其在工程中的应用．煤炭工业出版社，1998：95-100.

［158］陈建奎．混凝土外加剂的原理与应用．中国计划出版社，1997：427-434.

［159］齐吉琳，马巍．冻融作用对超固结土强度的影响．岩土工程学报，2007.

［160］周永祥，阎培渝．固化盐渍土经干湿循环后力学性能变化的机理．清华大学学报，2006.

［161］李刚，姜曙光，刑海峰，等．新疆高寒地区改性生土坯墙体材料的试验研究．低温建筑技术，2007，29（2）：103-105.

［162］刘挺，王毅红，石坚．生土墙承重的村镇房屋施工技术分析．建筑技术开发，2006（1）.

［163］兰青龙，刘志甫，赵相传．山西地区生土建筑震害特征与防震减灾对策．山西地震，2004（3）.

［164］地震工程概论编写组．地震工程概论．北京：科学技术出版社，1985.

［165］王兰民．黄土动力学．北京：地震出版社．2003.

［166］丰定国，王社良．抗震结构设计．武汉：武汉工业大学出版社．2001.